# NMR

Basic Principles and Progress
Grundlagen und Fortschritte

Volume 2

Editors: P. Diehl  E. Fluck  R. Kosfeld

With 22 Figures

Springer-Verlag Berlin · Heidelberg · New York 1970

Professor Dr. P. Diehl
Physikalisches Institut der Universität Basel

Professor Dr. E. Fluck
Institut für Anorganische Chemie der Universität Stuttgart

Dozent Dr. R. Kosfeld
Institut für Physikalische Chemie
der Rhein.-Westf. Technischen Hochschule Aachen

ISBN 978-3-642-87639-4     ISBN 978-3-642-87638-7  (eBook)
DOI 10.1007/978-3-642-87638-7



Title No. 3362

# Preface

Nuclear magnetic resonance spectroscopy, which has evolved only within the last 20 years, has become one of the very important tools in chemistry and physics. The literature on its theory and application has grown immensely and a comprehensive and adequate treatment of all branches by one author, or even by several, becomes increasingly difficult.

This series is planned to present articles written by experts working in various fields of nuclear magnetic resonance spectroscopy, and will contain review articles as well as progress reports and original work. Its main aim, however, is to fill a gap, existing in literature, by publishing articles written by specialists, which take the reader from the introductory stage to the latest development in the field.

The editors are grateful to the authors for the time and effort spent in writing the articles, and for their invaluable cooperation.

The Editors

# NMR-Untersuchungen
# an Komplexverbindungen


H. J. KELLER

Anorganisch-chemisches Laboratorium der Technischen Hochschule München


## Inhalt

# 1. Einleitung

Das Anliegen dieses Artikels ist eine Zusammenstellung typischer Anwendungsmöglichkeiten der kernmagnetischen Resonanz (NMR) auf dem Gebiet der Komplexverbindungen. Der vielschichtige Begriff „Komplexverbindungen" faßt für die folgenden Betrachtungen Koordinationsverbindungen der Haupt- und Nebengruppenelemente des Typs $[MX_n]^m$ zusammen, wobei die Zahl $n$ der Liganden X größer sein soll als die formale Ladung des Zentralmetalls M. Somit bleiben z. B. Metallorganyle mit vorwiegend $\sigma$-gebundenen organischen Liganden (etwa $Pb(C_2H_5)_4$) im Rahmen dieser Arbeit unberücksichtigt.

Ausschlaggebend für die NMR-Eigenschaften von Metall-Komplexen sind die relativ schweren Zentralmetall-Ionen mit ihren räumlich weitausladenden Elektronen-Bahnfunktionen, die schwache bis starke Wechselwirkungen mit Elektronen und Kernen der angenäherten Ligandengruppierungen einzugehen vermögen.

Der Informationsgehalt der NMR-Parameter, wie Intensität, Zahl, Breite und Form der Absorptionen, in bezug auf die Art dieser Metall-Ligand-Beziehung besonders in paramagnetischen Proben, wird im einzelnen diskutiert. Dagegen sind die NMR-Merkmale diamagnetischer, organischer oder anorganischer Moleküle nur zum Vergleich erwähnt.

Da ein breites Spektrum von NMR-Ergebnissen an Metall-Komplexen existiert, ist eine vollständige Aufzählung aller Arbeiten in dem zur Verfügung stehenden Rahmen auch nicht andeutungsweise möglich. Es war vielmehr ein knapper Überblick über die außerordentlich vielseitigen Untersuchungsmethoden und deren Ergebnisse anzustreben, die in letzter Zeit an dem wieder neu aufblühenden Zweig der anorganischen Chemie erzielt wurden. Deswegen wird soweit wie möglich auf frühere zusammenfassende Arbeiten zurückgegriffen oder, falls solche Artikel für bestimmte Bereiche nicht vorliegen, jeweils diejenige neuere Literatur zitiert, in der möglichst ausführlich frühere Ergebnisse berücksichtigt sind. Das gilt vor allem für Messungen, die sich mit den Festkörpereigenschaften der Metall-Komplexe beschäftigen.

Neben einführenden Darstellungen, die speziell auf die Anwendung der NMR in der Komplexchemie eingehen $[1, 2]$, wären für den näher interessierten Leser zwei stichwortartige Übersichtsartikel mit vollständig zitierter NMR-Literatur bis 1967 $[3, 4]$ zu erwähnen. Ein kurzer theoretischer Teil ist vorausgestellt, um die später diskutierten Zusammenhänge zwischen NMR- und Bindungsparametern zu verdeutlichen und die Nomenklatur festzulegen.


# 2. Die Theorie der NMR-Parameter

Der theoretische Zusammenhang zwischen den NMR-Parametern und der elektronischen Struktur von Molekülen ist in vielen zusammenfassenden Arbeiten eingehendst diskutiert $[5-9]$, so daß an dieser Stelle ein kurzer Abriß der erzielten Ergebnisse genügen dürfte, um das Verständnis der Messungen an Komplexen zu erleichtern.

## 2.1. Verschiebungen

Das äußere Feld, $H_0$, induziert bekanntlich in der Elektronenhülle zusätzliche Magnetfelder, die parallel oder antiparallel zum Primärfeld ausgerichtet sein können. Diese „paramagnetischen", $\sigma_P$, bzw. „diamagnetischen" Abschirmungsbeiträge, $\sigma_D$, zu berechnen, entspricht einer theoretischen Ableitung der magnetischen Suszeptibilität von Metall-Komplexen. Eine allgemeine, auf quantenmechanischer Basis erarbeitete Lösung dieses Problems wurde erstmals von Van Vleck angegebenen und später von Ramsey auf die Erscheinung der elektronischen Abschirmung in der Kernresonanzspektroskopie übertragen.

Für freie Atome mit praktisch freibeweglichen Elektronen läßt sich $\sigma_D$ relativ einfach abschätzen, denn nach Gleichung (1) hängt die z-Komponente des $\sigma$-Tensors, $\sigma_D^{ZZ}$,

$$\sigma_D^{ZZ} = e^2/2\, mc^2 < 0\Big|\sum_j (x_j^2 + y_j^2)\cdot r_j^{-3}\Big|0 > \tag{1}$$

nur von der Elektronenverteilung im Grundzustand des Moleküls ab. Der Ausdruck $(x_j^2 + y_j^2)\cdot r_j^{-3}$ gibt die Elektronendichte des abschirmenden Elektrons, $j$, an, deren Anteil im Abstand $r$ vom Kern um die z-Richtung frei rotieren kann und dabei ein $H_0$ entgegengesetztes Magnetfeld erzeugt. $|0 >$ bezeichnet die Wellenfunktion des elektronischen Grundzustandes. Diese, als Lamb-Formel bekannt gewordene Gleichung vermag jedoch die in Komplexen zu beobachtenden Verschiebungen keineswegs zu deuten. Die Elektronen des Komplex-Moleküls sind nämlich durch die Metall-Ligand-Bindungen fixiert, so daß der in (1) vorausgesetzten freien Beweglichkeit um bestimmte Raumachsen eine beträchtliche Hinderung entgegensteht. Dadurch verringert sich der nach (1) berechnete diamagnetische Beitrag zur Abschirmung. Die geringere „diamagnetische" Abschirmung läßt sich auch durch einen zusätzlichen „paramagnetischen" Anteil an der Gesamtabschirmung formulieren, der dem temperaturunabhängigen Paramagnetismus des Van Vleck-Formalismus entspricht (2)

$$\sigma_P^{ZZ} = -e^2/2m^2 c^2 \sum_{n\neq 0} (E_n - E_0)^{-1} \Big[ < 0\Big|\sum_j l_{zj}\Big|n > < n\Big|\sum_k r_k^{-3}\cdot l_{zk}\Big|0 >$$
$$+ < 0\Big|\sum_k r_k^{-3} l_{zk}\Big|n > < n\Big|\sum_j l_{zj}\Big|0 >\Big] \tag{2}$$

Im Gegensatz zu $\sigma_D^{ZZ}$ hängt $\sigma_P^{ZZ}$ nach Gleichung (2) überwiegend von der Energie geeigneter *angeregter* elektronischer Zustände $|n >$ ab. Der paramagnetische Beitrag überwiegt dann sogar deutlich, wenn die Energiedifferenz zwischen dem Grundzustand, $E_0$, und dem nächsthöheren Zustand, $E_n$, der ebenso transformiert wie der Bahndrehimpulsoperator $l_z$, besonders kleine Werte annimmt. Gerade in den Übergangsmetall-Komplexen stehen aber eine ganze Reihe energetisch tiefliegender $p$- und $d$-Zustände des Zentralmetalls mit $l_z \neq 0$ zur Verfügung. Es ist deswegen nicht überraschend, daß in den NMR-Spektren dieser Verbindungsklasse Verschiebungen bis in die Größenordnung von einigen Prozent der Resonanzfrequenz keine Seltenheit darstellen.

Somit wären die genauen Abschirmungskonstanten als Summe des diamagnetischen Beitrags, $\sigma_D$, sowie des paramagnetischen Anteils, $\sigma_P$, nach (3)

$$\sigma = \sigma_D + \sigma_P \tag{3}$$

berechenbar, allerdings nur, wenn sowohl die Energie des Grundzustands als auch geeigneter angeregter Zustände und zudem deren genaue Wellenfunktionen bekannt wären. Da hierzu auch die vielen Zustände nahe dem Kontinuum gehören, ist eine genaue Berechnung der Abschirmung offensichtlich nicht durchzuführen.

Zwei verschiedene Näherungen scheinen brauchbar. Zum einen behilft man sich mit einem plausiblen ausgemittelten Wert über alle möglicherweise beteiligten Anregungszustände anstelle definierter, aber unbekannter Energiedifferenzen zwischen angeregten Zuständen und Grundzustand, während man zum anderen nur wenige, weitgehend bekannte angeregte Zustände berücksichtigt, die den überwiegenden Beitrag zur paramagnetischen Abschirmung leisten [7].

Neben diesen Energie-Parametern gehen mit der Ausdehnung und Symmetrie der Bahnfunktionen weitere, nur ungenau bestimmbare Variable in (2) ein. Die elektronische Konfiguration der Übergangsmetall-Ionen ändert sich je nach der „Stärke" der Liganden, d. h. dem Charakter der Metall-Ligand-Bindung sowie mit der Symmetrie ihrer Anordnung [10]. Somit variieren auch die Abschirmungskonstanten $\sigma_D$ und $\sigma_P$ je nach dem Wert von Parametern wie Ladungs- und Elektronenzahl des Zentralmetalls, Anzahl und Positionen der Liganden und dem Grad der Kovalenz der Metall-Ligand-Bindungsbeziehung erheblich. Um einen Eindruck zu vermitteln, welchen Einflüssen die Abschirmungskonstanten unterliegen, seien die Probleme derartiger Berechnungen an einem konkreten Fall, nämlich einem oktaedrischen $d^6$-konfigurierten Hydrid-Komplex veranschaulicht [11].

In einem oktaedrischen Ligandenfeld spalten die im freien Ion energetisch entarteten fünf $d$-Elektronenbahnfunktionen in zwei verschiedene Niveaus auf, die in der $O_h$-Punktgruppe nach $e_g$ bzw. $t_{2g}$ transformieren (Abb. 1). Die sechs Elektronen des hypothetischen $d^6$-Hydrido-Komplexes füllen demnach die drei bahnentarteten Zustände der $t_{2g}$, so daß der elektronische Grundzustand der Verbindung $|0>$ mit $^1A_{1g}$ zu beschreiben wäre. Der nächsthöhere angeregte Zustand, der in der $O_h$-Punktgruppe ebenso transformiert wie der Einelektronen-Bahndrehimpulsoperator $l_z$, wäre $^1T_{1g}$. Für $\Delta E$ ist demnach die Differenz $E(^1T_{1g}) - E(^1A_{1g})$ einzusetzen, die weitgehend von der „Stärke" der Liganden bestimmt wird. Je ausgeprägter der kovalente Charakter der Metall-Wasserstoff-Bindung ausfällt, umso größer ist $\Delta E$ und desto kleiner der Beitrag von $\sigma_P$ nach (2). Da der Anteil von $\sigma_P$ außerdem mit der dritten Potenz des Abstands, $r$, zwischen Elektronen und abgeschirmtem Kern abfällt, ist weiterhin eine Abhängigkeit von der Metall-Wasserstoff-Distanz, $R$, sowie von dem Exponenten, $k$, der für die Berechnung verwendeten Slater-Funktionen zu erwarten. Beide Parameter lassen sich jedoch nur mit geringer Genauigkeit angeben. Während $R$ wenigstens aus $^1$H-NMR-Messungen (Abschn. 3.1.1.1.) angenähert und aus Neutronenbeugungsaufnahmen genau bestimmbar ist, gibt es keine Möglichkeit $k$ experimentell zu messen. Es lassen sich lediglich für das freie Ion plausible Werte abschätzen, die sich jedoch im Komplex mehr oder weniger stark verringern, weil bei vorwiegend kovalent gebundenen Liganden, die $d$-Metallelektronen weitgehend auf die Liganden delokalisiert sind. Die $d$-Elektronendichte im Komplex klingt somit wesentlich langsamer ab als im freien Ion, ein Befund, dem durch verringerte $k$-Werte Rechnung getragen wird. Der Parameter $k$ beinhaltet demnach weitere, durch verschieden starke Metall-Ligand-Bindung verursachte Effekte.

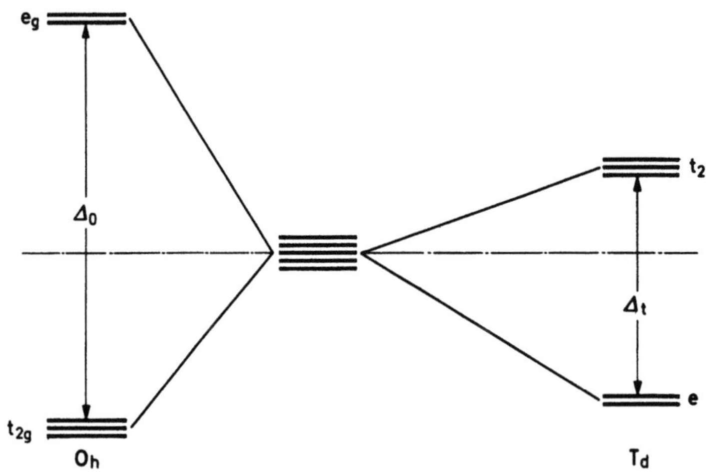



Abb. 1. Energie der d-Bahnfunktionen in einem oktaedrischen ($O_h$) bzw. tetraedrischen ($T_d$) Ligandenfeld

Bei einem plausiblen Wert von $k = 3$ und $E = 25000\ \mathrm{cm}^{-1}$ berechnet sich eine merkliche diamagnetische Abschirmung aus $\sigma_P$ für alle Kerne mit einem Abstand von mehr als zwei Atomeinheiten vom Zentralmetall. Die Abhängigkeit der Abschirmung von dem Parameter $k$ sowie vom Abstand $R$ ist in Abb. 2 an-

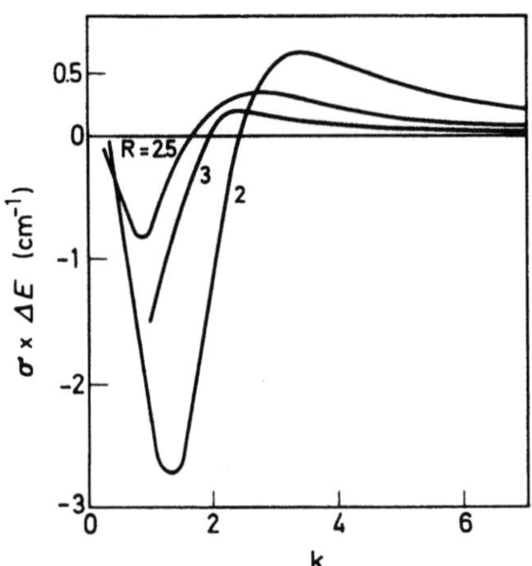



Abb. 2. Abhängigkeit der Abschirmung $\sigma_P$ von den Parametern $R$ bzw. $k$ [11]

gedeutet. Danach kehrt der am Kernort wirksame paramagnetische Abschirmungs-beitrag aus $\sigma_P$ in einer Entfernung von nur wenigen Ångström sein Vorzeichen um und führt dann zu einer diamagnetischen Abschirmung.

Die Verschiebungen der hydridischen Protonen fallen unter die vielen, später im einzelnen diskutierten Beispiele, für die der paramagnetische Anteil an der Gesamtverschiebung, $\sigma_P$, durch die Metallelektronen eine diamagnetische Abschirmung und somit Verschiebungen nach höheren Feldern verursacht. Es ist demnach keineswegs so, daß diamagnetische Verschiebungen (d. h. Verschiebungen nach höheren Feldern) nur vom Anteil von $\sigma_D$ aus Gl. (3) herrühren, sondern sie kommen im Gegenteil in Übergangsmetall-Komplexen häufig durch die Beteiligung des paramagnetischen Anteils, $\sigma_P$, an der Gesamtabschirmung zustande. Interessant ist das Extrem der paramagnetischen Abschirmung durch $d$-Elektronen für $R = o$, für die Position des Metallkerns selbst. Es resultiert mit (4)

$$\sigma_P^{ZZ} = \sigma_P^{XX} = \sigma_P^{YY} = -8\,e^2 h^2 < r^{-3} > ./\mathrm{m}^2 \mathrm{c}^2\,\Delta E \qquad (4)$$

eine Beziehung, nach der bereits früher $^{59}$Co-Verschiebungen für verschiedene Kobalt(III)-Komplexe berechnet wurden [12].

Der bemerkenswerte Unterschied zwischen den starken paramagnetischen Verschiebungen der Zentralmetallkerne selbst, etwa in Kobalt(III)- oder Platin(II)-Komplexen, einerseits und den stark diamagnetischen Verschiebungen von nahestehenden Ligandenkernen andererseits, wäre so zwanglos zu erklären.

Neben der Abschirmung durch $d$-Elektronen sind weitere Beiträge von Ligandenelektronen zu erwarten. Die Gesamtabschirmung eines Kernes läßt sich nach einem früheren Vorschlag am einfachsten in 4 verschiedene Beiträge aufteilen, nämlich

1. die diamagnetische Abschirmung für das in Frage stehende Atom ($\sigma_D$)
2. der entsprechende paramagnetische Anteil ($\sigma_P$)
3. der Beitrag durch andere Atome, häufig als Nachbargruppeneffekt bezeichnet und schließlich
4. Effekte delokalisierter Elektronen (Ringstromeffekt) [5].

Die $d$-Elektronenabschirmung von Ligandenkernen könnte auch als Nachbargruppeneffekt eingeordnet werden. Ringstromeffekte lassen sich in Komplexen mit aromatischen Liganden nachweisen [13, 14].

Bislang beschränkte sich die Diskussion auf abschirmende Effekte in diamagnetischen Metall-Komplexen. In paramagnetischen Verbindungen verursachen die ungepaarten Elektronenspins auch ohne die Wirkung eines äußeren Feldes starke interne Magnetfelder. Es resultiert eine starke paramagnetische Abschirmung der Kerne, denn die magnetischen Momente der freien Elektronen richten sich parallel zum Feld $H_0$ aus und verstärken es. Während die in Gleichung (2) beschriebene paramagnetische Abschirmung $\sigma_P^{ZZ}$, durch Beimischung angeregter Bahnfunktionen zum Grundzustand als Effekt 2. Ordnung zustandekommt, liegen die aus einer Wechselwirkung 1. Ordnung resultierenden paramagnetischen Verschiebungen in Komplexen mit freien Elektronenspins um Größenordnungen oberhalb des gewohnten Bereichs. Sie werden „Knight-shifts" oder Kontaktverschiebungen genannt. Nachdem Dipol-Dipol-Wechselwirkungen in Lösung ausgemittelt werden, „spüren" die Kerne diese ungepaarten Elektronenspins nur über eine sog. *Kontakt*wechselwirkung. Die spezielle Bezeichnung wurde in Anbetracht der Tatsache gewählt, daß nur bei einer endlichen Aufenthaltswahrscheinlichkeit des ungepaarten Elektrons am Kernort, also bei einem direkten „Elektron-Kern-Kontakt", eine meßbare Wechselwirkung stattfindet. Die Stärke dieser Kern-Elektron-Kopplung wird im allgemeinen mit dem Parameter, $A_N$, bezeichnet. Die Verschiebungen eines Kernes N in einem paramagnetischen Molekül wird dann durch (5) wiedergegeben:

$$(\Delta H/H_0)_N = -A_N g \beta S(S+1)/3kT g_N \beta_N \tag{5}$$

Da $A_N$ in der Größenordnung von $10^{-4}\,cm^{-1}$ liegt, treten demnach auch für Protonen bei Raumtemperatur Verschiebungen von mehreren hundert ppm auf (Abschn. 5.2.3.).

## 2.2. Die Kopplungskonstanten

Allgemein läßt sich die Energie der feldunabhängigen Wechselwirkung zwischen den Kernen in Lösung nach (6) berechnen.

$$E_{AB} = \hbar J_{AB} I_A \cdot I_B \, [Hz] \tag{6}$$

$I_A$ und $I_B$ stehen für den Kerndrehimpuls in Einheiten von $\hbar$ der Kerne A bzw. B und $J_{AB}$ für die sog. Kopplungskonstante. $J_{AB}$ gibt die Stärke der Kern-Kern-Wechselwirkung an, die aus einer Polarisierung der Elektronenhülle durch die magnetisch aktiven Kerne folgt. Im Gegensatz zur direkten dipolaren Wechselwirkung wird sie allgemein als indirekte Kern-Kern-Kopplung bezeichnet. Da die Polarisierbarkeit der Elektronenhülle von der Stärke der Bindungen zwischen den Kernen abhängt, variieren die Kopplungskonstanten mit dem Bindungscharakter. Sie enthalten demnach wesentliche chemische Informationen.

In Metall-Komplexen interessiert vorwiegend der Charakter der Metall-Ligand-Bindung, weswegen Kopplungen zwischen Metall-Kernen und direkt gebundenen Liganden-Atomen, z. B. $^{195}Pt - {}^1H$ oder $^{195}Pt - {}^{31}P$, oder zwischen Liganden-Atomen über das Zentralmetall, z. B. $^{31}P - Me - {}^{31}P$ oder $^1H - Me - {}^{31}P$ von vorrangiger Bedeutung sind. Zu erwähnen wären weiterhin die Veränderungen der Kopplungen innerhalb des Liganden durch die Komplexbildung.

Eine theoretische Berechnung der Wechselwirkung läuft demnach auf eine quantitative Darstellung aller in $J_{AB}$ zusammengefaßten physikalischen Vorgänge hinaus. Nach den derzeit vorliegenden Befunden [5−8] lassen sich im wesentlichen drei voneinander weitgehend unabhängige Mechanismen für die Kern-Kern-Kopplung unterscheiden. Das wäre zunächst eine Wechselwirkung zwischen dem magnetischen Kernmoment $I_A$ und einem vom benachbarten Kern B in der Elektronenhülle induzierten *Bahn*moment, weiterhin eine durch Dipol-Wechselwirkung zwischen Elektronen- und Kernspins erzeugte Elektronenpolarisation, die ihrerseits auf benachbarte Kernmomente wirkt und schließlich eine auf sog. Fermi-Kontaktwechselwirkung zwischen Kernen und Elektronenhülle beruhende Kopplung. Für die leichteren Elemente leistet der letztgenannte Beitrag den überwiegenden Anteil. Die Kontaktwechselwirkung läßt sich mathematisch als Wechselwirkungsenergie-Operator formulieren (7)

$$\mathscr{H}_{KW} = (8/3\pi)g\beta \sum_{kN} g_N\beta_N \delta(r_{kN}) S_k \cdot I_N \tag{7}$$

wenn $\delta(r_{kN})$ die Diracsche $\delta$-Funktion bezeichnet. (7) besagt, daß $\mathscr{H}_{KW}$ auf eine bestimmte Elektronenfunktion mit dem Drehimpuls $S_k$ nur am Ort des Kernes $I_N$ einwirkt. Nur Elektronen mit dem Index $k$, deren Aufenthaltswahrscheinlichkeit am Ort des Kernes N ungleich 0 ist, die im bildlichen Modell einen „Elektronen-Kern-Kontakt" haben, tragen zur Wechselwirkung bei. Durch die Wirkung dieser Elektron-Kern-Wechselwirkung mischt der elektronische Grundzustand $|0>$ mit angeregten Zuständen $|n>$ [8], wobei eine vom Kernmoment abhängige Gesamtfunktion resultiert. Diese Polarisierung der Elektronenhülle wirkt wiederum auf den benachbarten Kern. Insgesamt ergibt sich für $J_{NN'}$ aus der Kontaktwechselwirkung (8)

$$J_{NN'}^{(KW)} = -(8/3\pi)(6g\beta)^2 g_N\beta_N g_{N'}\beta_{N'} \sum_n (E_n - E_0)^{-1}$$
$$\left[ <0|\sum_k \delta(r_{kN}) S_k |n> <n|\sum_j \delta(r_{jN}) S_j|0> \right] \tag{8}$$

$E_n - E_0$ ist die Energiedifferenz zwischen dem elektronischen Grundzustand $<0|$ und geeigneten angeregten Zuständen, $|n>$, $\gamma_N$ und $\gamma_{N'}$ sind die gyromagnetischen Verhältnisse der Kerne N bzw. N'. Wie für die Verschiebungen dargelegt, können theoretisch berechnete Kopplungskonstanten nur dann mit experimentell ermittelten Werten verglichen werden, wenn der Grundzustand sowie die entscheidenden angeregten Zustände genau bekannt sind. Für die relativ großen Komplexmoleküle ist diese Voraussetzung auch nicht angenähert erfüllbar. Selbst bei Vernachlässigung der oben erwähnten Spin-Bahn-Anteile sind weitgehende Näherungen erforderlich. Zwei verschiedene MO-Näherungen wurden ausführlich diskutiert [15, 16], von denen eine, wegen der Verwendung einer mittleren Anregungsenergie, den wesentlichen Nachteil aufweist, daß entgegen experimentellen Befunden die Kopplungskonstanten zwischen direkt gebundenen Kernen immer mit gleichen Vorzeichen anfallen. Die spätere, von Pople und Santry angegebene Näherung [16] gibt auch die typischen, in der Praxis zu beobachtenden Vorzeichenwechsel wieder, wenn z. B. Fluor an Hauptgruppenelementen gegen weniger elektronegative Atome ausgetauscht wird. Besser verstanden sind die Kopplungen innerhalb der freien Liganden z. B. in organischen Molekülen [17, 17a] und ihre Veränderung bei der Koordination.

Besonders übersichtlich lassen sich Kopplungen zwischen Heterokernen vergleichen, wenn die sog. reduzierten Kopplungskonstanten, $K_{AB}$, benützt werden [16]. Sie sind nach Gl. (9) definiert.

$$K_{AB} = (2/\hbar\,\gamma_A\,\gamma_B)\,J_{AB} \tag{9}$$

Die durch verschiedene gyromagnetische Verhältnisse der gekoppelten Kerne verursachten Veränderungen des Wertes von $J_{AB}$ sind in $K_{AB}$ nicht mehr enthalten. Falls $\gamma_A$ und $\gamma_B$ entgegengesetztes Vorzeichen besitzen, kehrt auch bei der Berechnung von $K_{AB}$ aus $J_{AB}$ das Vorzeichen um.

# 3. NMR an Metallkomplexen im festen Zustand

## 3.1. Unterscheidung zwischen „magnetischen" und „nichtmagnetischen" Festkörpern

Vom Standpunkt des NMR-Spektroskopikers ist eine Unterteilung der festen Metall-Komplexe in zwei Gruppen, nämlich in
a) Metall-Komplexe mit einem oder mehreren ungepaarten Elektronen pro Molekül,
b) diamagnetische Metall-Komplexe
sinnvoll. Diese Unterteilung ist damit zu rechtfertigen, daß die Wechselwirkungen zwischen ungepaarten Elektronenspins und Kernen deutlich größer sind als zwischen den Kernen untereinander. Starke Verschiebungen und Aufspaltungen fallen auch in polykristallinen Proben auf. Hinzu kommt, daß eine regelmäßige und räumlich dichte Anordnung der Komplexmoleküle im Kristallgitter zwischen den ungepaarten Elektronenspins der unter a) aufgeführten Komplexe starke intermolekulare Wechselwirkungen ermöglicht, die para-, ferro-, antiferro- oder auch diamagnetische Eigenschaften der festen Probe hervorrufen können [*18, 19*]. Die *Kontakt*-Wechselwirkung sorgt dann für sehr starke interne Magnetfelder. Erhebliche Abschirmung vom äußeren Feld, die je nach Wirksamkeit der Kern-Elektron-Kopplung variiert, ist die Folge. Aus NMR-Experimenten sind demnach detaillierte Aussagen über die elektronische und magnetische Struktur von Metall-Komplexen zugänglich. In diamagnetischen Komplexen ohne die starken internen Felder liegen die geringfügigen Verschiebungen dagegen häufig unter der Nachweisgrenze. Dann charakterisieren die Dipol-Dipol-Wechselwirkungen zwischen den Magnetfeldern benachbarter Kerne die Spektren.

### 3.1.1. Nichtmagnetische Festkörper

### 3.1.1.1. Direkte Dipol-Dipol-Wechselwirkung

Die zwischen magnetisch aktiven Kernen möglichen Dipol-Dipol-Wechselwirkungen äußern sich in den NMR-Spektren manchmal in Form von Aufspaltungen, häufiger jedoch in Form von Linienverbreiterungen, die etwa auftretende Verschiebungen verdecken können. Bei nur zwei identischen, von dem restlichen System unabhängigen, magnetisch aktiven Kernen wirkt auf jeden Kern über die Dipol-Dipol-Wechselwirkung, je nach der Einstellung des Nachbarspins, ein verstärktes bzw. abgeschwächtes äußeres Feld ein. Anstelle einer einzelnen Absorption für völlig unabhängige Kerne werden zwei Signale im Abstand $\Delta H$ registriert, der nach (10) vom magnetischen Moment der Kerne, $\mu$,

$$\Delta H = 3\mu r^{-3} (3\cos^2 \delta - 1) \tag{10}$$

sowie von ihrem gegenseitigen Abstand, $r$, abhängt. Mit $\delta$ ist der Winkel zwischen der Richtung des äußeren Feldes $H_0$ und der Verbindungslinie zwischen den in Wechselwirkung stehenden Teilchen bezeichnet. Diese Beziehung gilt nur solange $I_z$ als gute Quantenzahl gelten kann, also nicht für Kerne mit Quadrupolmoment an Gitterstellen mit großem elektrischen Feldgradienten. Die in Einkristallen beobachtbaren Aufspaltungen, $\Delta H$, hängen nach (10) von strukturanalytisch wichtigen Parametern, nämlich $r$ und $\delta$, ab und enthalten somit für den Chemiker außerordentlich wichtige Informationen. Kernresonanz-Untersuchungen an diamagnetischen Festkörpern eignen sich folglich zu Abstandsmessungen zwischen magnetisch aktiven Kernen und geben ihre relative Lage in einem Kristall wieder [20, 21, 22].

Besonders eingehend bearbeitet wurden bisher Metall-Komplexe, die definierte Mengen Kristallwasser enthalten [23]. Das Wassermolekül stellt mit seinen zwei Protonen, die ein besonders großes magnetisches Moment besitzen, und einem magnetisch inaktiven Sauerstoffkern ein ideales Zwei-Spin-System dar, in dem darüber hinaus keine Kerne mit Quadrupolmoment vorkommen. Aus den Aufspaltungen in den $^1$H-NMR-Spektren von Einkristallen läßt sich nach (10) der Proton-Proton-Abstand sowie die Richtung des Proton-Proton-Vektors $(p-p)$ in bezug auf ausgezeichnete Kristallachsen festlegen. Gerade weil die Lage von Protonen in Metall-Komplexen durch Röntgenbeugung nur mit erheblichem Aufwand festzustellen ist, hat sich die NMR-Methode für diese Untersuchungen als besonders geeignet erwiesen. Die an einem Gips-Einkristall erzielten Ergebnisse waren eine erste eindrucksvolle Demonstration der gebotenen Möglichkeiten [24].

In der Folgezeit wurde eine Vielzahl bisher ungelöster Probleme von hydratisierten Übergangsmetall-Komplexen auf diesem Wege aufgeklärt, z. B. die Art der Wasserstoffbrücken in Alaunen [25] oder in Komplexen des Typs $K_2HgCl_4 \cdot H_2O$ bzw. $K_2CuCl_4 \cdot H_2O$ [26].

Die besondere Vielseitigkeit der $^1$H-NMR-Untersuchungen an hydratisierten Komplexen beruht jedoch auf der Tatsache, daß auch von den polykristallinen Proben brauchbare Ergebnisse zu erzielen sind. Es treten nämlich auch bei statistisch verteilten Mikrokristalliten gut erkennbare Maxima an verschiedenen Stellen des Spektrums auf. Und zwar berechnet sich bei zwei dipolar gekoppelten Kernen für polykristalline Proben die Linienformfunktion $g(h)$ zu

$$g(h) = (6/3\,\mu r^{-3})^{-1}\,[1 \pm h/(3/2\,\mu r^{-3})]^{-1/2} \tag{11}$$

d. h. an den Stellen $h = -3/2\,\mu r^{-3}$ und $h = +3/2\,\mu r^{-3}$ sind Häufungspunkte festzustellen. Insgesamt resultiert eine Absorption, die im Abstand von $3\,\mu r^{-3}$ zwei deutliche Maxima aufweist (Abb. 3).

Relativ häufig kommen unsymmetrische Feinstrukturlinien vor. In solchen Fällen müssen die Schwerpunkte der Absorptionen und nicht die Stellen maximaler Absorption zur Auswertung herangezogen werden [27]. Auf weitere mögliche Fehlerquellen bei der Auswertung der NMR-Spektren an polykristallinen Übergangsmetall-Komplexen wurde kürzlich aufmerksam gemacht [28].

Ohne auf die Vielzahl von NMR-Arbeiten an hydratisierten Metall-Komplexen einzugehen [23, 29, 30], sei ein ausführlicher Vergleich von NMR-Ergebnissen z. B. am $CuCl_2 \cdot 2\,H_2O$, $CuF_2 \cdot 2\,H_2O$ oder $Cu_2(CH_3COO)_4 \cdot 2\,H_2O$ mit den Daten von Neutronenbeugungsaufnahmen erwähnt, der die Genauigkeit der NMR-Methode bestätigt [28, 31].

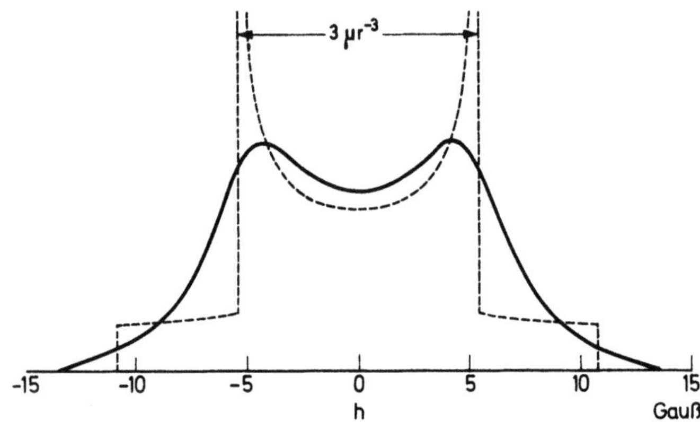


Abb. 3. Theoretisch berechnete und experimentelle Linienform für ein Zweispin-System in polykristalliner Form

Der Proton-Proton-Abstand und die Lage des $p-p$-Vektors im paramagnetischen, dimer kristallisierenden Kupferacetat, $Cu(CH_3COO)_2 \cdot H_2O$ [33], das unterhalb 100° K vorwiegend diamagnetisch vorliegt, sowie im Kupferformiat, $Cu(HCOO)_2 \cdot 4\,H_2O$ [32], wurden bestimmt, um den möglichen Einfluß von Wasserstoffbrücken auf die magnetische Ordnung der kristallisierten Komplexe bei tiefen Temperaturen zu klären. Diese Messungen wurden angeregt, nachdem durch $^1H$-Ergebnisse an den Komplexen $CoCl_2 \cdot 6\,H_2O$ und $NiCl_2 \cdot 6\,H_2O$ [34, 35] der entscheidende Beitrag von Wasserstoffbrücken zur magnetischen Ordnung bei tiefen Temperaturen belegt war. Im allgemeinen dominieren jedoch die Dipol-Wechselwirkungen zwischen den Elektronen- bzw. Kernmomenten in paramagnetischen Verbindungen, so daß an Stelle der Kern-Kern- starke Kern-Elektron-Wechselwirkungen etwa im Protonenspektrum von $Cu(NH_3)_4SO_4 \cdot H_2O$ [36] auffallen.

Trotz der vielen ausgezeichneten Ergebnisse an hydratisierten Komplexen bleibt diese Anwendungsmöglichkeit auf einen relativ engen Bereich von Komplextypen beschränkt. Denn polykristalline Zwei-Spinsysteme liefern nur dann zwei auswertbare Maxima, wenn zusätzliche, von weiteren magnetisch aktiven Kernen in der Elementarzelle verursachte *inter*molekulare Wechselwirkungen fehlen. Das typische Zweispinsystem Dihydrido-Eisencarbonyl, $Fe(CO)_4H_2$, mit einem relativ geringen intermolekularen H–H-Abstand [37] zeigt z. B. nur eine einzelne, relativ breite $^1H$-Absorption [38]. Aussagen über die Struktur dieser Komplexklasse lassen sich jedoch aus den Linienformen ermitteln.

Zwar gibt es keine Möglichkeit, die Linienformen von Spinsystemen mit mehreren wechselwirkenden Kernen explizit zu errechnen, doch gehen in die sog.

Momente der Absorptionen, die allgemein mit $S_n$ bezeichnet und nach Gl. (12) definiert sind,

$$S_n = \int\limits_{-\infty}^{+\infty} h^n g(h)\,dh \tag{12}$$

Strukturparameter ein [39]. $\int\limits_{-\infty}^{+\infty} g(h)\,dh = 1$ bezeichnet die normalisierte Linienformfunktion. Besonders wichtig ist hier das 2. Moment, das mittlere Quadrat der Linienbreite von ihrer Mitte aus gemessen (12). Es läßt sich auf einfache Weise ermitteln, indem man an genügend vielen Stellen der Absorption den Abstand von der Linienmitte in Gauß-Einheiten quadriert und mit der Höhe der Absorption bei diesem Feldwert multipliziert. Die strukturanalytische Bedeutung dieses Parameters ist aus Gl. (13) zu ersehen.

$$S_2 = (3/2)\,\mathrm{I}(\mathrm{I}+1)\,g_\mathrm{N}^2\beta_\mathrm{N}^2\mathrm{N}^{-1}\sum_{j>k}[(3\cos^2\delta_{jk}{}^{-1})\,r_{jk}{}^{-3}]^2 \tag{13}$$

Darin bedeuten N die Zahl der gleichartigen Kerne in der Elementarzelle, $g_\mathrm{N}\cdot\beta_\mathrm{N}\sqrt{\mathrm{I}(\mathrm{I}+1)}$ ihr effektives magnetisches Moment und $r_{jk}$ ihren gegenseitigen Abstand. Ein Vergleich der experimentell ermittelten mit theoretisch berechneten 2. Momenten ermöglicht somit auch dann Kern-Kern-Abstandsmessungen, wenn keine Aufspaltungen eintreten. Für polykristalline Proben ist als statistischer Mittelwert von $\sum_{j>k}(3\cos^2\delta_{jk}-1)^2$ der Betrag 4/5 in Gl. (13) einzusetzen, so daß sich

$$S_2 = 6/5\,\mathrm{I}(\mathrm{I}+1)\,g_\mathrm{N}^2\beta_\mathrm{N}^2\mathrm{N}^{-1}\sum_{i>j} r_{ij}{}^{-6} \tag{14}$$

ergibt, vorausgesetzt alle Kerne weisen das gleiche magnetische Moment, $g_\mathrm{N}\cdot\beta_\mathrm{N}\sqrt{\mathrm{I}(\mathrm{I}+1)}$, auf. Die Wechselwirkung zwischen *verschiedenen* Teilchen unterscheidet sich von derjenigen zwischen identischen Dipolen wegen der fehlenden Spin-Austauschprozesse um einen Faktor von 2/3. (14) ist demnach für polykristalline Proben mit verschiedenen magnetisch aktiven Kernen geringfügig zu modifizieren (15), wobei der Index $f$ die von $j$ unterscheidbaren magnetischen Dipole bezeichnet.

$$S_2 = 6/5\,\mathrm{I}(\mathrm{I}+1)\,g_\mathrm{N}^2\beta_\mathrm{N}^2\mathrm{N}^{-1}\sum_{i>j} r_{ij}{}^{-6} + 8/15\,g_f^2\beta_\mathrm{N}^2\mathrm{N}^{-1}\mathrm{I}_f(\mathrm{I}_f+1)\sum_{i>f} r_{if}{}^{-6} \tag{15}$$

Tatsächlich finden sich z. B. in Metall-Komplexen im allgemeinen eine ganze Reihe verschiedener magnetischer Dipole, wodurch der Gütigkeitsbereich von (15) eingeschränkt wird.

Besonders einschneidende Veränderungen verursachen Kerne mit $\mathrm{I}>1/2$. Sie besitzen zum Teil erhebliche Quadrupolmomente. Da die Liganden des Komplexmoleküls im allgemeinen ein inhomogenes elektrisches Feld verursachen, stellt sich das Kernquadrupolmoment nach diesem elektrischen Feldgradienten ein. Die Wechselwirkung kann so stark sein, daß auch ohne äußeres Feld die Kernspinniveaus aufspalten. $\mathrm{I}_z$ ist in diesem Fall keine brauchbare Quantenzahl mehr. Diese Wechselwirkungen werden in der reinen Quadrupolresonanz ausgenützt. Sie tragen jedoch auch zum 2. Moment der NMR-Linien bei, obwohl sie bisher z. B. in Gl. (15) nicht berücksichtigt wurden. Auch alle weiteren in der Probe denkbaren magnetischen Dipole, ganz besonders in paramagnetischen Substanzen die magnetischen Momente der freien Elektronenspins, beeinflussen das 2. Moment, vor allem, wenn — wie in vielen Komplexen — anisotrope g-Faktoren oder Hyperfeinaufspaltungen auftreten. Die hier nur angedeuteten Schwierigkeiten bei der Auswertung des 2. Moments paramagnetischer Metall-Komplexe wurden kürzlich ausführlich für paramagnetische Übergangsmetall-fluoride sowie Fluorid-Komplexe der Seltenen Erden dargelegt [41]. Im letztgenannten Komplextyp sorgen die erheblichen Bahnmomente für sehr anisotrope magnetische Eigenschaften, so daß eine Reihe von Beiträgen z. B. aus Pseudokontakt- oder Kontakt-Wechselwirkungen die Spektren beeinflussen. Zudem kompliziert die starke Temperaturabhängigkeit der Linienbreiten das ohnehin vielschichtige Problem. Ob das 2. Moment bei derart verwickelten Zusammenhängen noch als Informationsquelle dienen kann, erscheint zumindest fraglich [41]. Wegen der rapide wachsenden Zahl von Messungen [40] des 2. Moments an polykristallinen Komplexen auch mit magnetisch anisotropen Eigenschaften erscheint ein Hinweis auf die Grenzen der Methodik notwendig.

An einem konkreten Fall, nämlich den sehr interessanten Metallcarbonyl-Wasserstoff-Komplexen $HCo(CO)_4$, $HMn(CO)_5$ und $H_2Fe(CO)_4$, mit bisher unbekannten Metall-Proton-Abständen, sollen die möglichen Fehlerquellen aufgezeigt werden. Für die Distanz $Mn-H$ lagen z. B. nur Schätzwerte zwischen 1,0 und 2,0 Å vor, obwohl alle anderen Strukturparameter bereits bekannt waren [42]. Aus der $^1H$-Absorption des $HMn(CO)_5$ bei $-165\,°C$ errechnet sich ein 2. Moment von 26,6 $[Gauß]^2$ [43]. Unter Verwendung der bereits bekannten Strukturparameter und Gl. (14) folgt daraus ein Metall-Proton-Abstand von 1,28 Å. Die $^1H$-Messungen wurden später auch auf das $HCo(CO)_4$ ausgedehnt [44], von dem allerdings noch keine röntgenstrukturanalytischen Daten vorlagen. Aus der Linienform und dem 2. Moment der Absorptionen gehen zwei verschiedene $Co-H$-Abstände von 1,2 bzw. 1,42 hervor. Im Gegensatz zum $^1H$-Spektrum des $HMn(CO)_5$ besteht das Spektrum des $HCo(CO)_4$ aus mehreren Linien, die eine dipolare Wechselwirkung zwischen $^1H$- und $^{59}Co$-Kernen verursacht. Diese Aufspaltungen erleichtern zum Teil die Analyse des Spektrums, teils erschweren sie die Auswertung. So wäre die Diskrepanz zwischen den aus Linienform bzw. 2. Moment ermittelten $Co-H$-Abständen durch die geringe Intensität der äußeren Linien, die im Geräusch verschwinden, zu deuten, denn gerade diese vom Zentrum der Absorption relativ weit entfernten Linien müßten erheblich zum 2. Moment beitragen. Der aus dem 2. Moment ermittelte Wert von 1,42 Å sollte danach als obere Grenze für den Metall-Proton-Abstand anzusehen sein. [44]

Nach neueren Berechnungen gilt das allerdings nur, wenn vor allem die Quadrupoleffekte vernachlässigt werden, was offensichtlich nicht zulässig ist [45]. In Gl. (15) ist nämlich stillschweigend vorausgesetzt, daß die Kernspins entlang der Feldrichtung quantisiert sind. Für $^{59}Co$ und $^{55}Mn$ mit sehr großen Quadrupolmomenten scheint die Wechselwirkung zwischen dem Kernquadrupolmoment und dem elektrischen Feldgradienten jedoch größer zu sein als zwischen dem magnetischen Moment der Kerne und dem äußeren Feld. Die Quantisierung der Kerne in Richtung des äußeren Feldes ist somit aufgehoben. Unter Berücksichtigung dieser Tatsache leitet sich aus einem 2. Moment von 26,6 [Gauß]$^2$ für die $^1$H-Absorption des $HMn(CO)_5$ an Stelle von 1,28 Å ein Wert von 1,42 Å für Mn $-$ H ab. Für den Komplex $HCo(CO)_4$ fällt der verbesserte Wert von 1,57 Å für die Distanz Co $-$ H ebenfalls wesentlich größer aus als die früher angegebenen Werte von 1,42 bzw. 1,2 Å. Intermolekulare Wechselwirkungen tragen nachweislich höchstens bis zu 0,03 Å zu der berechneten Entfernung bei. Aus dem 2. Moment von 8,1 [Gauß]$^2$ für das $H_2Fe(CO)_4$ [45] läßt sich unter der Annahme eines intermolekularen H$-$H-Abstands von 2,6 Å ein Fe$-$H-Abstand um 1,5 Å ermitteln.

**3.1.1.1.1. Ausmittelnde Bewegungen.** Die Linienbreiten sowie die 2. Momente der NMR-Absorptionen von Festkörpern nehmen bei höherer Temperatur häufig drastisch ab. Als Ursache sind ausmittelnde Bewegungen bestimmter Atomgruppen anzusehen. Von den $(3 \cos^2 \delta - 1)$-abhängigen Wechselwirkungen werden nur zeitliche Mittelwerte wirksam. Die Verringerung der Linienbreite ist umso ausgeprägter, je vielseitiger die thermischen Bewegungen sind. Besonderes Augenmerk richtet sich auf abrupte Änderungen des 2. Moments, die stattfinden, wenn bestimmte Bewegungen „eingefroren" oder aktiviert werden. Auf diesem Weg läßt sich aus der Temperaturabhängigkeit des 2. Moments die Aktivierungsenergie intramolekularer Bewegungen messen. Von dieser Möglichkeit, Bewegungsabläufe (u. a. auch Diffusionsprozesse) im Festkörper zu studieren, wurde bisher auch an Komplexverbindungen so zahlreich Gebrauch gemacht, daß nur wenige typische Beispiele erwähnt sein sollen.

In den Bis($\pi$-cyclopentadienyl)-metall-Komplexen sowie in den Bis($\pi$-benzol)-metall-Komplexen war nach Ergebnissen physikalisch chemischer Untersuchungen, wie IR- [47], Raman- [47] oder Dipol-Messungen [48] freie Drehbarkeit der organischen Liganden, um die Metall-Ring-Bindung zu fordern.

Die Ergebnisse von $^1$H-NMR-Messungen an polykristallinen Bis($\pi$-cyclopentadienyl)-metall-Komplexen über einen größeren Temperaturbereich bestätigen diese Forderung aber nur teilweise, denn die Energiebarriere zur Rotation liegt in substituierten Komplexen relativ hoch.

Im Ferrocen selbst ist bei Abkühlung bis zu 80°K keine Vergrößerung der Linienbreite sowie des 2. Moments sondern eine scharfe Verringerung der Linienbreite bei 115°K festzustellen. Sie hat sicher etwas mit einem Kristallgitter-Übergang zu tun, der sich bei der gleichen Temperatur auch durch eine Änderung der physikalischen Eigenschaften zu erkennen gibt. Erst zwischen 80° und 60°K nimmt das 2. Moment stark zu, womit angedeutet wird, daß die freie Drehbarkeit unterhalb dieser Temperatur erheblich eingeschränkt ist [49]. Das Einfrieren dieser Rotation wird durch die Substitution verschiedener Ringprotonen durch organische Liganden wesentlich erleichtert. Nach den 2. Momenten der $^1$H-Absorptionen des Monoacetylferrocens friert die Rotation des substituierten Cyclopentadienylringes bereits bei 190°K ein, während der unsubstituierte Ringligand erst um 128°K in seiner Bewegung eingeschränkt wird. Aus den Linienbreiten bei verschiedenen Temperaturen läßt sich aus (16) die Aktivierungsenergie E berechnen. $\tau_c$ bezeichnet die Korrelationszeit für die Reorientierung der Ringe, $\tau_0$ eine Konstante.

$$\tau_c = \tau_0 \cdot \exp E/RT \tag{16}$$

Die Werte von $\tau_c$ sind nach einer früher angegebenen Formel [43] aus der Linienbreite zu erhalten.

Nach (16) ließ sich die Aktivierungsenergie zur Anregung der Rotation für das freie Ferrocen zu 2,3 kcal/Mol, in den substituierten Ferrocen-Derivaten Monoacetylferrocen zu 4,6 kcal/Mol und im Di-perdeuteroacetylferrocen sogar zu 5,0 kcal/Mol ermitteln. Extrem breit sind die $^1$H-Absorptionen von Komplexen, in denen ein Brückensubstituent beide Ringliganden untereinander verknüpft [51], so daß keine unabhängige Rotation möglich ist.

Die zunehmende Einschränkung der Rotation durch räumlich anspruchsvollere Substituenten erscheint ohne weiteres plausibel, jedoch ist die Abhängigkeit der Aktivierungsenergie vom Zentralmetall in der Reihe der Bis($\pi$-cyclopentadienyl)-metall-Komplexe kaum zu erklären. Im Nickel(II)-Komplex z. B. rotieren offensichtlich auch bei 77° K die Ringliganden noch völlig ungehindert, während im Chrom(II)-Komplex bei der gleichen Temperatur statische Ringliganden festzustellen sind [52]. Hierzu sei auch die Veränderung der Rotationsbarriere bei der Fixierung des Benzolmoleküls angeführt. Nach den klassischen Ergebnissen an kristallisiertem Benzol [53] „friert" die Rotation des aromatischen Ringes um die sechszählige Achse unterhalb 120° K ein, dagegen in dem paramagnetischen Benzolklathrat $Ni(CN)_2 \cdot C_6H_6 \cdot NH_3$, in dem das Benzol in Quadern, die aus Nickel-cyanid und Ammoniak gebildet werden, eingeschlossen ist, bereits bei etwa 140° K, entsprechend der verringerten Beweglichkeit der Moleküle im Klathrat.

Allgemein stellt die Aktivierungsenergie von Rotationen um Bindungsachsen in Komplexen ein Maß für den $\sigma$- bzw. $\pi$-Anteil an der Metall-Ligand-Bindung dar. Der freien Beweglichkeit um $\sigma$-Bindungen steht die deutlich eingeschränkte Rotation um $\pi$-Bindungen gegenüber. Der Anteil von zusätzlicher $\pi$-Bindung etwa in Metall-Olefin-Komplexen ließ sich so ermitteln [2].

Der Einfluß der intramolekularen Reorientierungsprozesse auf die Linienbreite legt die Folgerung nahe, daß auch eine makroskopische Rotation der gesamten Probe die dipolare Linienbreite verringern sollte [54]. Theoretisch ergibt sich ein Reduktionsbetrag von $1/2 (3 \cos^2 \alpha - 1)$, wenn mit $\alpha$ der Winkel zwischen der Rotationsachse und dem äußeren Feld bezeichnet wird. Die Rotationsfrequenz muß allerdings gegenüber der Dipol-Dipol-Wechselwirkung, in Hertz ausgedrückt, groß sein, um einen ausmittelnden Effekt zu erreichen. Unter diesen Bedingungen sind häufig sehr gut aufgelöste Spektren zu erhalten. Da alle Moleküle der Probe mit gleicher Phase rotieren, treten Satelliten auf. Es ist darauf zu achten, daß die Rotationsgeschwindigkeiten so gewählt werden, daß diese Satelliten genügend weit von dem zentralen Spektrum entfernt sind.

Für $\alpha = 54° 44'$ errechnet sich für den obengenannten Linienreduktionsfaktor der Wert Null. Bei hohen Rotationsgeschwindigkeiten und einer zum äußeren Feld unter dem Winkel von $54° 44'$ eingestellten Rotationsachse sind auf diese Art auch von Festkörpern hochaufgelöste NMR-Spektren zu erhalten. Eines der ersten wichtigen Anwendungsbeispiele war die Auflösung verschiedener $^{31}$P-Absorptionen im $PCl_5$, die magnetisch inäquivalente P-Kerne im polykristallinen $PCl_5$ anzeigten, und zwar für $PCl_4^+$- bzw. $PCl_6^-$-Einheiten im Kristallgitter. Relativ zur Phosphorsäure treten zwei Signale bei $-96$ ppm $[PCl_4^+]$ bzw. $+281$ ppm $[PCl_6^-]$ auf [55].

Kürzlich gelang auf diesem Wege sogar die Auflösung einer durch indirekte Spin-Spin-Kopplung verursachten Aufspaltung im polykristallinen $KAsF_6$ [56]. An Stelle einer 13,2 kHz breiten $^{19}F$-Absorption für die nicht rotierende Probe, wird für die mit 5,5 kHz um eine mit $54°44'$ zum äußeren Feld geneigte Achse rotierende Substanz ein $^{19}F$-Spektrum mit vier gleichintensiven Linien registriert. Die $^{19}F - ^{75}As$-Kopplungskonstante liegt deutlich unter 1 kHz.

Chemische Verschiebungen leichter Kerne lassen sich unter anderem durch Anwendung einer Puls-Methode auflösen, wie kürzlich an der Verbindung $Zn_3P_2$ bewiesen wurde [57].

### 3.1.1.2. Verschiebungen

Ohne die Anwendung besonderer experimenteller Kunstgriffe sind Abschirmungsunterschiede, zumindest für die leichteren Kerne, in den NMR-Spektren polykristalliner Proben im allgemeinen nicht mehr festzustellen.

Das liegt zum einen daran, daß die direkten Dipol-Dipol-Wechselwirkungen erhebliche Linienverbreiterungen bewirken. Für Protonen etwa treten Unterschiede in der Abschirmung von etwa $10^{-6}$ der Resonanzfrequenz auf, während die Linienbreiten im allgemeinen um $10^{-3}$ Einheiten der Resonanzfrequenz betragen.

Zum anderen können auch die Verschiebungen stark anisotrope Eigenschaften annehmen, etwa für die schwereren Kerne der Zentralmetall-Ionen. Dann sind die Absorptionen je nach Stellung des Kristalls zum äußeren Feld über einen breiten Bereich von Feldwerten gestreut. In den Spektren polykristalliner Proben treten dann statistisch ausgemittelte Beiträge auf, so daß insgesamt bei stark ausgeprägter Anisotropie eine sehr breite Linie resultiert.

Dagegen sind genaue Angaben über die Hauptachsenwerte des Verschiebungstensors aus Einkristallmessungen zu erhalten, wie z. B. aus $^{59}Co$-Messungen an Einkristallen verschiedener Kobalt(III)-Komplexe [58]. Danach hängt die Anisotropie der Verschiebungen von der Stärke der Liganden sowie der Symmetrie ihrer Anordnung ab.

Während somit NMR-Messungen an Einkristallen einen detaillierten Einblick in die elektronische Struktur der Komplexe vermitteln, ermöglichen NMR-Untersuchungen an polykristallinen Proben wenigstens Aussagen über die Komplexsymmetrie.

Besonders interessant in diesem Zusammenhang erscheinen z. B. $^{19}F$-Messungen an verschiedenen Hexafluoro-Komplexen schwererer Elemente wie Xe, Pt, U, Pu, W, Mo und Os, von denen die meisten — zumindest bei tiefer Temperatur, bei der die Verzerrungen „eingefroren" sind — keine oktaedrische Anordnung der Fluorid-Liganden besitzen. Zwei $^{19}F$-Absorptionen im Verhältnis von $4:2$ sind zu beobachten [59, 60, 61]. Die Verschiebungsdifferenzen der $^{19}F$-Signale sowie die Anisotropie des Abschirmungstensors, $\sigma$, sind für die Komplexe $XeF_6$ und $WF_6$, sowie $MoF_6$ wesentlich kleiner als etwa für das $UF_6$ und $PuF_6$. In den letzteren überwiegt der temperaturunabhängige Van Vleck-Paramagnetismus den diamagnetischen Beitrag der Elektronen bereits so stark, daß auch mit statischen Methoden geringe paramagnetische Suszeptibilität nachweisbar wird. Der Zusammenhang zwischen Ramseys Formulierung der Abschirmung [62] und Van Vlecks Formulierung des temperaturunabhängigen Paramagnetismus [63] wird hier deutlich.

Auf Grund der ausnehmend starken abschirmenden Wirkung der Zentralmetallelektronen resultieren für die Metallkerne im allgemeinen so große Verschiebungen, daß trotz der erheblichen Linienbreiten magnetisch inäquivalente Kerne auch in polykristallinen Proben unterschieden werden können. [21, 64]

## 3.1.2. „Magnetische" Festkörper

Gerade in der Chemie der Übergangsmetall-Komplexe sind Verbindungen mit einem paramagnetischen Grundzustand, also mit ungepaarten Elektronenspins, besonders häufig anzutreffen. Das magnetische Moment des Elektrons ist bekanntlich um einen Faktor von etwa $10^3$ größer als die relativ kleinen Kernmomente. So erscheint verständlich, daß die freien Elektronenspins die magnetischen Resonanzerscheinungen von paramagnetischen Festkörpern weitgehend bestimmen. Die magnetischen Elektronendipole richten sich parallel zum angelegten Feld aus und verstärken es somit, so daß starke Verschiebungen nach tieferen Feldern resultieren, die ihrem Betrag nach, den von diamagnetischen Substanzen gewohnten Bereich um Größenordnungen überschreiten. Neben Dipol-Feldern verspürt der Kern die ungepaarten Elektronenspins über die sog. *Kontakt*wechselwirkung. Nach diesem Mechanismus tragen allerdings nur diejenigen Elektronenspins in Bahnfunktionen mit einer endlichen Aufenthaltswahrscheinlichkeit am Kernort zur Verschiebung bei. Deshalb spiegeln auch die Verschiebungen der paramagnetischen Komplexe die Elektronenverteilung in derjenigen Molekülbahnfunktion wider, die das ungepaarte Elektron enthält.

Eine wesentliche Einschränkung wäre noch zu erwähnen. Leider verbreitern die freien Elektronenmomente die Absorptionen meistens erheblich, weswegen NMR-Messungen an paramagnetischen Komplexen keineswegs selbstverständlich sind.

## 3.1.2.1. Schwache intermolekulare Wechselwirkungen zwischen den Elektronen

Im Prinzip gleichen die Ergebnisse weitgehend den Daten, die von Komplexen mit schwachem temperaturunabhängigen Paramagnetismus bekannt sind. Aufspaltungen in den $^{19}$F-Spektren des paramagnetischen Komplexes $NaK_2[TiF_6]$ z. B. beweisen, daß im Gitter eine verzerrte tetragonale Ligandenanordnung vorliegt [65]. In den meisten Fällen verringern die Elektronenspins die Kernspin-Gitter-Relaxationszeit so stark, daß breite und wenig strukturierte Absorptionen resultieren. Soll das 2. Moment der Absorptionen als Informationsquelle dienen, dann ist natürlich auch der Einfluß der freien Elektronenspins zu berücksichtigen. Die wegen der meist anisotropen Eigenschaften der Elektronen in Komplexen auftretenden Schwierigkeiten wurden bereits angedeutet.

Die Verschiebungen folgen, wie später noch näher erläutert (Abschn. 5.2.), aus einer sog. *Kontakt-* und einer *Pseudokontakt*-Wechselwirkung. Natürlich treten im Festkörper zusätzlich alle anisotropen Dipol-Dipol-Wechselwirkungen in Erscheinung.

### 3.1.2.2. Starke intermolekulare Wechselwirkungen

**3.1.2.2.1. NMR oberhalb der Curie- bzw. Néel-Temperatur.** Eines der charakteristischsten Merkmale der Elektronenspins ist deren Neigung, ihre Spinmomente gegenseitig abzupaaren. Dieses Bestreben ist auch an kristallisierten Komplexverbindungen erkennbar, in denen sich die freien Spins stark annähern. Die Folgen dieser intermolekularen Wechselwirkungen in bezug auf die NMR-Absorptionen sind recht vielseitig.

Zunächst verringern sich im allgemeinen durch Austauschwechselwirkung die Linienbreiten. Bei geringfügiger Überlappung der Elektronenbahnfunktionen verschiedener Komplexmoleküle kann nicht mehr unterschieden werden, zu welchem der Moleküle ein bestimmtes Elektron gehört. Das Experiment liefert demnach Ergebnisse, als ob die ungepaarten Elektronen rasch zwischen den Molekülen des Gitters ausgetauscht würden. Die Kerne unterliegen nicht mehr dem Feld eines einzelnen Elektrons sondern „verspüren" einen zeitlich ausgemittelten Wert des Elektronenfeldes. Damit ist die Ursache der raschen Kernspin-Relaxation aufgehoben, so daß die Linien im allgemeinen schmaler werden.

Von der Vielzahl von NMR-Untersuchungen an festen paramagnetischen Komplexen, die in den letzten Jahren bekannt wurden, sollen einige, auch vom chemischen Standpunkt aus wesentliche, Beispiele wenigstens angedeutet werden, wenn auch verschiedene ausführliche zusammenfassende Arbeiten vorliegen [66, 67, 68]. Endliche Spindichte in Ligandenbahnfunktionen resultiert, wenn infolge eines merklichen kovalenten Bindungsanteils d-Bahnfunktionen des Zentralmetalls mit $2s$- bzw. $2p$-Bahnfunktionen, z. B. eines Fluoridliganden, überlappen. Der absolute Betrag hängt von der Größe des Mischungskoeffizienten ab, der den Anteil der Fluorbahnfunktionen an der Molekülbahnfunktion beschreibt. Das Vorzeichen der Spindichte, das die Richtung der Spinpolarisation angibt, variiert mit der Elektronenzahl in den Metallbahnfunktionen. Sind diese Bahnfunktionen über die Hälfte besetzt, so besitzt die vom Liganden gelieferte Spindichte vorzugsweise entgegengesetztes Vorzeichen zu derjenigen der freien Metallelektronen. Nachdem die Spindichte am Metall positiv ist, doniert der Ligand negativ polarisierte Elektronen. Ihm selbst verbleibt schließlich überschüssige positive Spindichte, die für *paramagnetische* Verschiebungen sorgt. Enthalten die $3d$-Metallbahnfunktionen weniger als 5 Elektronen, so werden weitere Liganden-Elektronenspins mit paralleler Ausrichtung bevorzugt übernommen, d. h. positive Spindichte wird übertragen, negative verbleibt am Liganden und $^{19}F$-Verschiebungen nach höherem Feld, wie etwa für das $CrF_3$ [69] und für das $VF_3$ [70] resultieren. Somit gibt Richtung *und* Größenordnung der NMR-Verschiebungen der Ligandenkerne in diesen Komplexen den Metall-Ligand-Bindungscharakter wieder. Die Stärke dieser Wechselwirkung ist weiterhin verantwortlich für die in dieser Verbindungsklasse häufig beobachteten anomalen magnetischen Eigenschaften. Bei Temperaturerniedrigung verringert sich das magnetische Moment wegen einer über die Ligandenatome vermittelten Elektron-Elektron-Kopplung. Für diese Wechselwirkung hat sich allgemein der Ausdruck *Superaustausch* eingebürgert.

Die Ergebnisse von NMR-Messungen eignen sich somit besonders zur Aufklärung der magnetischen Wechselwirkungen in verschiedenen, in Perovskit-Struktur kristallisierenden Übergangsmetall-Komplexen, da direkt die internen Hyperfeinfelder meßbar sind [68].

Ein herausragendes Beispiel eines eindimensionalen linearen Antiferromagnets sei außerdem angeführt. Es handelt sich um $KCuF_3$, das ebenfalls mit Perovskit-Struktur kritallisierend [71] starke Wechselwirkungen zwischen den ungepaarten Elektronenspins zeigt. Sie finden jedoch nur entlang der $c$-Achse statt, wie aus den besonders starken $^{19}F$-Verschiebungen der auf der $c$-Achse liegenden F-Atome nach tiefem Feld hervorgeht, besonders bei paralleler Einstellung der $c$-Achse des tetragonalen Kristallgitters zum Feld $H_0$. Die auf den a-Achsen liegenden F-Atome sind dagegen von dieser Wechselwirkung kaum betroffen, wie aus deren $^{19}F$-Absorptionen bei deutlich höheren Feldern abzulesen ist. Diese ausgeprägte Anisotropie der Verschiebungen für Kerne mit nahezu oktaedrischer Umgebung unterstreicht die Bedeutung der NMR bei der Untersuchung schwacher magnetischer Wechselwirkungen.

**3.1.2.2.2. NMR unterhalb der Curie- und Néel-Temperatur.** Die Wechselwirkung zwischen den ungepaarten Elektronen verschiedener Komplexmoleküle ist in vielen Fällen so stark, daß bereits bei Raumtemperatur ohne Wirkung eines äußeren Feldes eine spontane Magnetisierung der Probe eintritt. Es entstehen entweder ferromagnetische oder antiferromagnetische Eigenschaften. Unter bestimmten einschränkenden Bedingungen [68] können auch an diesen Verbindungen NMR-Messungen durchgeführt werden. Da durch die spontane Magnetisierung starke interne Magnetfelder entstehen, kann auf ein äußeres Magnetfeld $H_0$ verzichtet werden. Die Messungen werden also im „Nullfeld" durchgeführt. Aus der Lage der Absorptionen im Frequenzspektrum läßt sich die Stärke der internen Magnetfelder angeben.

In einer Reihe von antiferromagnetischen Substanzen sind in einem engen Temperaturbereich um den Néelpunkt, dessen Lage am besten durch NMR-Messungen festzustellen ist, überraschenderweise der paramagnetische und der antiferromagnetische Zustand koexistent. So beträgt der Bereich z. B. bei $Cu_3(CO_3)_2$ $(OH)_2$ 0,2° K, bei $LiCuCl_3 \cdot 2H_2O$ 0,02° K. Diese Erscheinungen, die z. Zt. sehr viel untersucht werden, rühren möglicherweise vom Einfluß innerer Verspannungen her, eine andere Deutung führt diese Effekte auf einen gewissen Anteil einer Ordnung kurzer Reichweite in der Nähe des Néelpunktes zurück [72].

Einige neuere Ergebnisse an den antiferromagnetischen Komplexen $NiCl_2 \cdot 6H_2O$ und $CoCl_2 \cdot 6H_2O$ [73] sowie zusammenfassende Arbeiten sollen stellvertretend für die vielen durchgeführten Messungen stehen [67, 74].


## 3.2. Quadrupoleffekte in der NMR-Spektroskopie

Wenn die Symmetrie der Elektronen- oder Ionenanordnungen elektrische Feldgradienten, $q$, am Ort von Kernen mit Quadrupolmomenten, Q, erzeugt, treten spezielle Quadrupoleffekte in der Festkörper-NMR-Spektroskopie auf. Die Beobachtbarkeitsbedingung ist durch die Forderung, daß die Quadrupolwechselwirkungsenergie $eqQ$ wesentlich kleiner als die Kopplungsenergie, $\mu_I H_0$, des magnetischen Kerndipols an das äußere Magnetfeld sein soll, gegeben. In diesem Fall wird die Zeeman-Aufspaltung der magnetischen Niveaus gestört, mit wachsender Quadrupolkopplungskonstante verliert $I_z$ zunehmend seinen Charakter als gute Quantenzahl. Nach den Störungsrechnungen I. Ordnung treten dann neben den normalen NMR-Zentrallinien, die den Übergängen $m = + 1/2 \rightleftarrows m = - 1/2$ entsprechen, paarweise Satellitenlinien auf, deren Zahl vom Kernspin I und den evtl. verschiedenen elektrischen Feldgradienten abhängt. In II. Ordnung, also bei größerer Quadrupolwechselwirkungsenergie werden auch die NMR-Zentrallinien verschoben. Aus der Messung dieser Effekte lassen sich die Quadrupolkopplungskonstante $eqQ$ und Asymmetrieparameter $\eta$ des elektrischen Feldgradienten bestimmen. Die für den Chemiker wesentliche Information [75] ist im Feldgradienten $q$ enthalten, die ihm eine Reihe von Aussagen gestattet über:

a) Art der chemischen Bindung, Berechnung kovalenter oder ionischer Anteile, Symmetrie der Ladungsanordnungen.

b) Berechnung und Unterscheidung von Feldgradienten, die von $p$, $d$ oder Hybridfunktionen erzeugt werden.

c) Polarisationseffekte von abgeschlossenen Elektronenschalen, Bestimmung von *Sternheimer*-Abschirmungsfaktoren [76].

d) Gitterfehlstellen, Fremdatome und Gitterversetzungen [77].

e) Difussionserscheinungen, elastische Beanspruchungen (Hochpolymere).

f) Fluktuierende elektrische Felder innerhalb des Festkörpers, die eine Zeitabhängigkeit des Quadrupolwechselwirkungsoperators hervorrufen und damit einen entscheidenden Einfluß auf das Relaxationsverhalten ausüben können. Eine wichtige Anwendung findet die Quadrupolwechselwirkung z. B. bei der Untersuchung von Gläsern. Eine große Reihe von Arbeiten befassen sich mit Nahordnungsproblemen [78] und Koordinationsfragen [79]. Die Quadrupolwechselwirkung von Metall-Ionen in Gläsern bewirkt eine Aufspaltung I. oder II. Ordnung der entsprechenden NMR-Linien.

# 4. NMR-Untersuchungen in Lösung

## 4.1. „Hochauflösende" Spektroskopie an diamagnetischen Metall-Komplexen

Bekanntlich wird in Lösung wegen der raschen ausmittelnden thermischen Bewegungen der Moleküle nur der isotrope Anteil zur Verschiebung und Spin-Spin-Wechselwirkung beobachtet. Die relativ kleinen magnetischen Momente von Kernen mit I = 1/2 lassen schmale Linien mit praktisch natürlicher Linienbreite zu. Ihre Lage hängt u. a. von der „Ligandenstärke" ab, denn die magnetischen Eigenschaften der Komplexe sind weitgehend durch die Stärke der Metall-Ligand-Wechselwirkung charakterisiert. Nachdem in letzter Zeit praktisch jede

Neudarstellung eines Metall-Komplexes mit der Angabe von NMR-Spektren verbunden ist, sind nur einige typische Ergebnisse, die sich entweder auf charakteristische NMR-Eigenschaften beziehen oder allgemein analytisch interessieren, herausgegriffen.

### 4.1.1. Verschiebungen

#### 4.1.1.1. Die Abschirmung der Zentralmetallkerne

Die Abschirmung der Zentralmetallkerne besorgen praktisch allein die Metallelektronen. Die kleineren Ligandenatome sind nur indirekt wirksam, indem sie die Elektronenhülle der Zentralmetalle mehr oder weniger „stören". Da viele energetisch tiefliegende, elektronisch angeregte Zustände existieren, dominiert allgemein aus (2) ein deutlicher *paramagnetischer* Anteil zur Gesamtabschirmung. Relativ große Verschiebungen nach tieferen Feldern, wie sie erstmals an $^{59}$Co-Absorptionen von oktaedrischen Kobalt(III)-Komplexen festgestellt wurden, sind die Folge. Die gemessenen $^{59}$Co-Verschiebungen betragen bis zu 1,3 % der Resonanzfrequenz. Spätere Messungen wiesen sie zudem als außerordentlich temperatur- und druckabhängig aus [80, 81, 82].

Nach einer früheren theoretischen Diskussion dieser Ergebnisse, variiert von den beiden möglichen Beiträgen $\sigma_D$ und $\sigma_P$ nur der letztgenannte Anteil mit der Stärke der Metall-Ligand-Wechselwirkung, während die Summe der diamagnetischen Beiträge auch bei verschiedenen Liganden praktisch konstant bleibt [12].

Der Beitrag von $\sigma_P$, der sich aus Gl. (2) ergibt, läßt sich nur dann bestimmen, wenn diejenigen angeregten Zustände bekannt sind, die in der Punktgruppe $O_h$ — zu der die oktaedrischen Komplexe zählen — ebenso nach $t_{1g}$ transformiert wie der Drehimpulsoperator $l_z$. Wegen der Abhängigkeit des Parameters $\sigma_P$ von $\Delta E^{-1}$ und $r^{-3}$ beschränkt sich die Auswahl auf die energetisch naheliegenden angeregten Zustände mit einer relativ hohen Elektronendichte in der Nähe des Zentralmetallatoms.

Für die Komplexe mit sog. „schwachen" Liganden, d. h. ohne wesentliche kovalente Beiträge zur Metall-Ligand-Bindungsbeziehung, reicht im allgemeinen ein einfaches Kristallfeldschema aus, um die Lage der Niveaus wenigstens angenähert angeben zu können [83]. Durch die Wirkung des elektrostatischen Feldes der regulär angeordneten sechs Liganden spalten die im freien Ion entarteten fünf 3d-Bahnfunktionen in zwei Gruppen auf, die den Rassen $t_{2g}$ und $e_g$ angehören (Abb. 1). Die sechs 3d-Elektronen des Kobalt(III)-Ions füllen die drei entarteten Bahnfunktionen der Rasse $t_{2g}$ auf. Die nächsthöheren Zustände, die durch Anregung eines $t_{2g}$-Elektrons in eine $e_g$-Bahnfunktion zu erreichen sind, liegen um die Energie der Kristallfeldaufspaltung $\Delta$ höher. Unter den genannten Voraussetzungen erhält man aus (2) die Beziehung (17)

$$\sigma_P = -9{,}29 \cdot 10^3 \, \langle 1/r^3 \rangle_i \, (k')^2 / \Delta E(^1A_{1g} - {}^1T_{1g}) \tag{17}$$

Für $\Delta E$ wäre demnach je nach Komplex die entsprechende Anregungsenergie einzusetzen, während $\langle r^{-3} \rangle$ als konstant anzusehen ist, solange keine stark kovalenten Metall-Ligand-Bindungen vorliegen. Da $\Delta E$ die Energie des energieärmsten optischen $d-d$-Übergangs bezeichnet, sind umso stärkere Verschiebungen nach tieferen Feldern zu erwarten je langwelliger dieser Übergang auftritt. Der erwartete Zusammenhang zwischen den Verschiebungen einerseits und den Parametern $\Delta E$ und $\langle r^{-3} \rangle$ andererseits, läßt sich eindeutig an Kobalt(III)-Komplexen nachweisen [81, 84]. Für diese Komplexe ist $\Delta E$ gleichbedeutend mit dem Kristallfeldaufspaltungsparameter $\Delta$. Trägt man etwa, wie in Abb. 4, die Wellenlänge des energieärmsten optischen Übergangs gegen die beobachteten Verschiebungen auf, so liegen die experimentellen Werte praktisch auf einer Geraden. In der Zwischenzeit liegt so viel experimentelles Material an Kobalt(III)-Komplexen vor, daß die auftretenden $^{59}$Co-Verschiebungen relativ zum Komplex $[Co(CN)_6]^{3-}$ sich dazu verwenden lassen, die Stellung verschiedener weniger gebräuchlicher Liganden, wie Äthylxanthogenat oder Äthylthioxanthogenat, relativ zum $CN^-$ in der spektrochemischen Reihe festzulegen [85, 86].

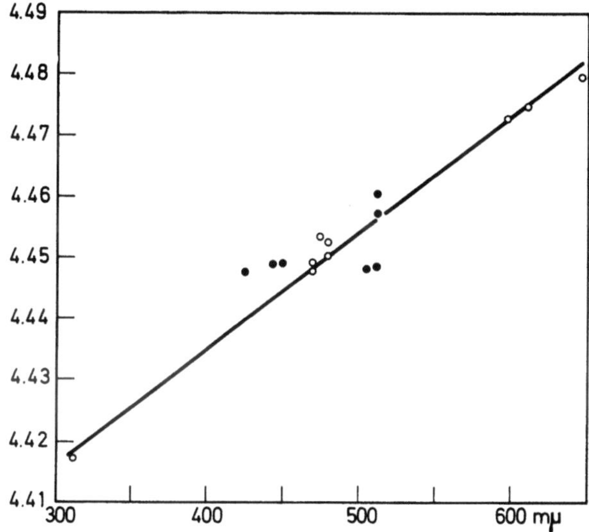

Abb. 4. Abhängigkeit der $^{59}$Co-Verschiebungen von der langwelligsten optischen Absorption (nach [81])

Die streng lineare Abhängigkeit zwischen $\Delta E$ und $\sigma_P$ ist nur bei ähnlichen und möglichst „schwachen" Liganden festzustellen. Es ist einleuchtend, daß mit wachsender Metall-Ligand-Bindungsstärke sich entsprechend der Ligandenstellung in der nephelauxetischen Reihe die Parameter $\langle 1/r^3 \rangle_i$ und $k'$ ebenfalls von Ligand zu Ligand deutlich unterscheiden. So stimmen die aus optischen Messungen erhaltenen Daten mit den aus Verschiebungen berechneten $\Delta E$-Werten, etwa von schwefelhaltigen Komplexen, nur unter der Annahme überein, daß für den mit einem Schwefelatom gebundenen Liganden ein kleinerer Wert für $1/r^3$ in (17) einzusetzen ist. Der Radius des Kobalt-Ions in Komplexen mit Schwefel erscheint vergrößert. Die Werte der $^{59}$Co-Verschiebungen in Kobalt(III)-Komplexen variieren demnach mit der Stellung des Liganden in der „spektrochemischen" und in der „nephelauxetischen Reihe [87]. Die $^{59}$Co-Verschiebungen lassen sich demnach zusammen mit der langwelligsten optischen Absorption dazu heranziehen, die Kovalenz der Metall-Ligand-Beziehung qualitativ zu messen [88].

Die beobachtete Temperatur- und Druckabhängigkeit der Verschiebungen folgt aus der Änderung des Kristallfeldaufspaltungsparameters, $\Delta$, mit variierendem Metall-Ligand-Abstand. Da die Kompressibilität aus IR-Messungen zugänglich ist, läßt sich ein quantitativer Zusammenhang angeben [82]. Die Temperaturabhängigkeit ist durch die unterschiedlichen Normalschwingungen des Moleküls im elektronischen Grund- bzw. angeregten Zustand bedingt [82].

Der relativ einfache Ausdruck (17) zur Berechnung der paramagnetischen Abschirmung der Zentralmetall-Kerne in $d^6$-konfigurierten „low spin"-Komplexen, läßt sich natürlich nur auf diesen Komplextyp anwenden, und zwar nur dann, wenn das elektrostatische Kristallfeldmodell ausreicht, die Metall-Elektron-Wechselwirkungen vollständig zu beschreiben. In den meisten metallorganischen Komplexen werden jedoch starke, überwiegend kovalente Metall-Ligand-Bindungen betätigt, so daß die Kristallfeldtheorie nur als unzureichende Näherung anzusehen ist. Das gilt bereits für die erwähnten schwefelhaltigen Liganden.

Um die Verschiebungen der Metallkerne in verschiedenen Übergangsmetall-Komplexen plausibel zu deuten, muß für jeden Komplextyp ein brauchbares Energieniveauschema aufgestellt werden, das auch kovalente Metall-Ligandbindungen berücksichtigt. Die energetische Lage geeigneter angeregter Zustände variiert somit in weiten Grenzen mit der Zahl der Metallelektronen, der Stärke der Liganden und der Symmetrie ihrer Anordnung. Kürzlich wurden z. B. berechnete Abschirmungswerte mit experimentellen Daten von metallorganischen Mangan- und Kobaltcarbonyl-Komplexen verglichen [89, 90].

Der paramagnetische Anteil zur Gesamtabschirmung durch die Metallelektronen bestimmt nach neueren Messungen auch die Verschiebungen der $^{195}$Pt-Resonanzen in oktaedrischen und planaren Pt(II)-Komplexen [91, 92, 93, 94], wie sich auch theoretisch vorhersagen ließ [95]. In der Gruppe von Platin-Komplexen des Typs $L_2PtX_2$ läßt sich die Lage der $^{195}$Pt-Absorptionen sozusagen beim „bloßen Anblick" abschätzen [91, 94]. Da die Verbindungen mit Halogenid-Liganden, $X^-$, und $\pi$-gebundenen Olefinen, L, wie z. B. Äthylen oder Propylen im Grenzbereich zwischen sichtbarem und UV-Gebiet absorbieren, ist eine geringfügige Verschiebung der langwelligsten Absorption in den sichtbaren Bereich an einer gelben Farbe zu erkennen. Von der Lage dieser Absorption, d. h. von der Energie dieses Übergangs $\Delta E$ hängt aber andererseits nach (2) und (17) auch die Größenordnung des paramagnetischen Anteils, $\sigma_P$, zur Gesamtabschirmung ab. Fällt der Abstand zwischen dem höchsten besetzten sowie dem tiefsten unbesetzten Niveau relativ groß aus, so absorbiert die Verbindung im UV-Bereich und ist demnach farblos. In diesem Fall ist ein geringer paramagnetischer Abschirmungsbeitrag zu erwarten. Mit abnehmendem Energieunterschied $\Delta E$ verschiebt sich die optische Absorption in den sichtbaren Bereich und gleichzeitig steigt der paramagnetische Beitrag an. Die $^{195}$Pt-Absorptionen der gelbgefärbten Komplexe sollten demnach bei tieferen Feldern auftreten. Wenn auch die reine Kristallfeldtheorie nur eine grobe Näherung für kovalent gebundene Komplexliganden darstellt, so zeigen doch einige der untersuchten Platin-Komplexe eine verblüffende Parallele zwischen Farbe und chemischer Verschiebung der $^{195}$Pt-Kerne [96]. Auch eine quantitative Beziehung zwischen den Verschiebungen der $^{195}$Pt-Resonanzen unter Berücksichtigung teilweise kovalenter Metall-Ligand-Bindungen wurde gesucht [91, 94]. Wegen der Delokalisierung von Metallelektronen auf die Liganden sind brauchbare theoretische Ergebnisse nur unter Einbeziehung der Ligandenbahnfunktionen zu erhalten.

Mit einem Grundzustand der Rasse $^1A_{1_g}$ interessieren in den planaren $L_2PtX_2$-Komplexen die Energieabstände zu den tiefstliegenden angeregten Zuständen der Rassen $^1A_{2_g}$ bzw. $^1E_g$ [94]. Die NMR-Absorptionen sollten mit zunehmenden Anregungsenergien $^1A_{1_g} \rightarrow {}^1A_{2_g}$ und $^1A_{1_g} \rightarrow {}^1E_g$ bei immer höheren Feldern auftreten. Es ließ sich ohne weiteres kein linearer Zusammenhang zwischen den Werten von $\Delta E$ und $\Delta H/H_0$ erkennen. Erst bei Berücksichtigung der Parameter $C_{a_{1g}}^2$, $C_{a_{2g}}^2$ und $C_{e_g}^2$, die den Grad der Beimischung von Metall-d-Bahnfunktion der angegebenen Rassen zu der höchsten von Elektronen besetzten bzw. tiefsten unbesetzten Molekülbahnfunktion beschreiben, lassen sich sinnvolle Ergebnisse erzielen. Auch für Platinhydride etwa des Typs

$$\text{trans-}\{Pt[(C_2H_5)_3P]_2HL\},$$

wobei L für Halogenid-, Pseudohalogenid- oder substituierte Benzoat-Liganden steht, ist die Stellung des Liganden L in der spektrochemischen Reihe für die Verschiebungen allein nicht ausschlaggebend. Die Abhängigkeit der Verschiebungen von den in Molekülbahnfunktionen auftretenden Konstanten $C_{a_{1g}}$, $C_{e_g}$ und $C_{a_{2g}}$, wobei $C_{a_{1g}}^2$ die Beimischung der Metallbahnfunktionen zur $\sigma$-Bindung zwischen dem $5d_{x^2-y^2}$-Niveau und geeigneten Ligandenkombinationen, die beiden letzteren geeignete $\pi$-Bindungen beschreiben, wurde nachgeprüft [91]. Nach diesen Ergebnissen scheint vor allem die Variation des Parameters $C_{a_{1g}}$ mit verschiedenen Liganden entscheidend für den Beitrag von $\sigma_P$. Somit könnte aus vergleichenden Messungen der $^{195}Pt$-Resonanz die Kovalenz der Metall-Ligand-Beziehung bestimmt werden.

Für die leichteren Kerne mit allgemein größeren Energieabständen zwischen Grundzustand und angeregten Zuständen fallen die Verschiebungen im allgemeinen nicht so groß aus, jedoch sind immer noch geringfügige Änderungen in der elektronischen Umgebung in deutlichen Abschirmungseffekten meßbar. So wurden etwa $^7Li$-Messungen zur Untersuchung von Komplexstabilitätskonstanten in Lösungen der Nitrilotriessigsäure mit $Li^+$-Ionen [97] herangezogen. Nach den Ergebnissen der $^7Li$-Messungen ist ein Komplex $Li(NTA)_2{}^{5-}$ zu formulieren. Bei variierender Konzentration des Liganden sowie von Fremdionen ändert sich die Lage der $^7Li$-Signale deutlich. Des weiteren ließen sich verschiedene, nur in Lösung beständige Komplexe der Metalle Vanadin, Niob und Aluminium durch $^{93}Nb$- [98], $^{51}V$- [98] und $^{27}Al$-[99]Messungen identifizieren. Danach kommt in äthanolischer Lösung von $NbF_5$ das Komplexion $NbF_6^-$ in hohen Konzentrationen vor [98]. Mindestens sieben verschiedene Komplexspezies entstehen nach den Daten von $^{51}V$-Messungen in Lösungen der Verbindungen $NH_4VO_3$ und $V_2O_5$ über einen größeren pH-Bereich.

### 4.1.1.2. Die Verschiebungen der Ligandenkerne

Die überwiegende Zahl der NMR-Arbeiten an Komplexverbindungen beschäftigt sich aus Gründen der Empfindlichkeit mit $^1H$-Untersuchungen.

NMR-Messungen an schwereren Kernen, wie $^{17}O$, $^{14}N$, $^{13}C$ oder $^{31}P$ sind jedoch trotz des wesentlich höheren experimentellen Aufwands kaum zu entbehren, und zwar im wesentlichen aus zwei Gründen. Zum ersten nehmen die Verschiebungen mit steigender Elektronenzahl deutlich zu, so daß auch geringste Unterschiede in der Ligandenanordnung feststellbar sind. Vor allem bei der Verfolgung rasch ablaufender Reaktionen mittels der NMR-Methode tritt dieser Aspekt in den Vordergrund. Zum anderen vermitteln Heterokern-Messungen Informationen über die elektronische Abschirmung von direkt an das Zentralmetall gebundenen Ligandenatomen, während $^{1}H$-Messungen demgegenüber nur ungenaue Angaben über die Elektronenhülle am direkt koordinierten Kern vermitteln.

Dafür verringert andererseits die relativ große Elektronenzahl die Möglichkeit aussichtsreicher theoretischer Berechnungen aus den bereits früher angeführten Gründen. Ein quantitativer Zusammenhang zwischen den Verschiebungen und detaillierten Bindungsparametern läßt sich zur Zeit nicht angeben.

Die schwereren Ligandenatome von Elementen der 3. oder höheren Perioden, wie $^{31}P$, nehmen eine Stellung zwischen den Zentralmetallkernen und den leichteren Heterokernen der 2. Periode, wie $^{17}O$, oder $^{19}F$, ein. Für die erstgenannte Gruppe von Elementen vermögen tiefliegende $d$-Bahnfunktionen je nach Beteiligung an der Metall-Ligand-Bindung stärkere oder schwächere paramagnetische Beiträge zur Gesamtabschirmung zu leisten, während in letzteren der Energieabstand zu den tiefstliegenden d-Bahnfunktionen zu groß ist, um wesentlich zur Abschirmung beizutragen. Die Verschiebungsunterschiede im freien bzw. gebundenen Zustand heben sich für die höheren Homologen $^{31}P$, $^{29}Si$ etc. deutlich von denjenigen für die Kerne $^{13}C$, $^{14}N$ und $^{17}O$ ab. Stellvertretend für viele Messungen an schwereren Kernen seien einige Ergebnisse am $^{31}P$ angeführt, während die NMR-Untersuchungen an den Elementen der 2. Periode einzeln aufgeführt sind.

Es hat sich als sehr nützlich erwiesen, eine sog. Koordinationsverschiebung zu definieren [100], und zwar als die Differenz zwischen der Signallage des freien bzw. des gebundenen Liganden im gleichen Lösungsmittel (18)

$$\Delta K = \Delta \text{frei} - \Delta \text{geb} \qquad\qquad (18)$$

**4.1.1.2.1. $^{31}P$-Messungen.** Nachdem selbst über die Ursache der Verschiebungen in den freien Liganden keine einhellige Meinung besteht, ist nicht zu erwarten, daß die Einflüsse auf die Koordinationsverschiebungen im einzelnen aufgeklärt sind. Eine Reihe von Unstimmigkeiten treten deshalb auf.

Nach $^{31}P$-Ergebnissen an Phosphin-Komplexen dominiert für direkt gebundene Ligandenkerne der Beitrag aus $\sigma_P$ zur Abschirmung, und zwar werden negative $^{31}P$-Koordinationsverschiebungen beobachtet [101−111].

Diesen allgemeinen Trend zu negativen Koordinationsverschiebungen zeigen Liganden wie Trifluorphosphin, bzw. Alkyl- und Aryl-difluorophosphine [101−105] als auch Alkyl- bzw. Arylphosphite [106] oder das unsubstituierte $PH_3$ selbst [107] z. B. in Komplexen mit den Zentralmetallen Nickel (O), Chrom (O), Molybdän (O) und Wolfram (O) [103].

Verschiedene Mechanismen können als Ursache der Koordinationsverschiebungen in Frage kommen, von denen die $d\pi-d\pi$-Wechselwirkung zwischen

Zentralmetallelektronen und den gebundenen Phosphoratomen den wesentlichsten Beitrag liefern dürfte. Durch Lokalisierung des zunächst freien Elektronenpaars wird der Energieabstand $n \to \pi^*$ vergrößert, da sich die Energie der nichtbindenden Elektronen verringert, während der lockernde $\pi^*$-Zustand unverändert bleibt. Die daraus folgende Vergrößerung der Anregungsenergie, $\Delta E$, hat eine Verringerung des paramagnetischen Beitrags nach (2) zur Folge. Danach müßten die Koordinationsverschiebungen positiv ausfallen.

Dieser Effekt kann jedoch durch eine zusätzliche $\pi$-Wechselwirkung mit $d$-Funktionen des Metalls überkompensiert werden. Je nach der Stärke dieser $d\pi - d\pi$-Wechselwirkung treten weitere energetisch tiefliegende Zustände auf, so daß sich $\Delta E$ insgesamt im Komplex kleiner ergibt als im freien Liganden. Nach (2) wären dann negative Koordinationsverschiebungen zu erwarten. In einem bildlichen Modell würde der durch eine zusätzliche $\pi$-Bindung erzeugte paramagnetische Beitrag so dominieren, daß die allgemein bei der Erhöhung der Koordinationszahl des Phosphors durch Inanspruchnahme der nichtbindenden Elektronen gemessene Verschiebung nach höheren Feldern mehr als ausgeglichen wird.

Mit diesen Vorstellungen würden auch die positiven Verschiebungen in chlor- bzw. bromsubstituierten Phosphin-Komplexen übereinstimmen. Tauscht man z. B. die F-Atome der substituierten Fluoro-Phosphine gegen Chlor aus, so verringert sich bei kleinerer Elektronegativität des Phosphins auch die Stärke der $d_\pi - d_\pi$-Bindung. Das gleiche gilt in verstärktem Maß für Bromphosphin-Komplexe. In diesen Verbindungen müßte somit die durch Erhöhung der Koordinationszahl des Phosphors verursachte Abnahme von $\sigma_P$, bei der Koordination des freien Liganden die schwächere Zunahme des paramagnetischen Beitrags durch die $\pi$-Rückbindung überwiegen. Positive Koordinationsverschiebungen also nach höheren Feldern sind auch tatsächlich im Tetrakis(phenyldichlorophosphin)nickel(0) und im Tetrakis(trichlorophosphin)nickel(0) festzustellen [103], die im Tribromophosphin-chrom(0)-pentacarbonyl [108], das nur geringe Neigung zur $\pi$-Rückbindung hat, besonders große Werte annehmen. Die $^{31}$P-Verschiebungen variieren demnach stark mit den Substituenten am Phosphor, die schließlich auch die Metall-Ligand-Bindungsstärke bestimmen. Die gleichzeitig wirksamen Effekte sind jedoch sicher vielfältiger als hier geschildert. Es wurde in mehreren Ansätzen versucht, die $^{31}$P-Koordinationsverschiebungen mit Parametern, wie $\sigma$-Donor- bzw. $\pi$-Akzeptorstärke [109, 100] oder Bindungswinkeln und Koordinationszahlen des Liganden [103] in Zusammenhang zu bringen.

Ob die systematische Verringerung der negativen Koordinationsverschiebungen von $^{31}$P-Resonanzen in Phosphin-Komplexen beim Austausch von Chrom(0) gegen Molybdän(0) und schließlich Wolfram [109] auf die verschiedene magnetische Anisotropie der Zentralmetalle oder auf verschiedene $d_\pi - d_\pi$-Bindungsanteile zurückzuführen ist, bleibt ebenfalls offen. Immerhin sprechen die kleineren Koordinationsverschiebungen in verschiedenen Nickel(0)-Phosphin-Komplexen relativ zu den entsprechenden Molybdän-Derivaten [103] ebenso gegen diese Ansicht wie die beobachtete Abhängigkeit der Verschiebungen von der Farbe [109], die einen Zusammenhang mit dem Parameter $\Delta E$ vermuten läßt.

Auch ohne nähere Einzelheiten über die Ursache der Verschiebungen zu kennen, sind die praktischen Schlußfolgerungen wertvoll. Liegt nämlich eine genügend große Anzahl vergleichender Ergebnisse vor, so läßt sich die Methode als strukturanalytisches Hilfsmittel verwenden. Beispielsweise treten in Diphosphin-Platin-Komplexen des Typs $(PX_3)_2PtCl_2$, die $^{31}P$-Resonanzen im trans-Isomeren immer bei tieferen Feldern auf, als im cis-Isomeren [100]. Weitere mit $^{31}P$-Messungen aufgeklärte Strukturprobleme wären etwa die mer-Anordnung der Phosphingruppen im Komplex $RhCl_3(R_3P)_3$ [110], die fac-Anordnung der $PH_3$-Gruppen im Tricarbonyltris(phosphino)chrom(0) [108], die Struktur von Komplexen mit dem vierzähnigen Phosphinliganden Tris(o-diphenylphosphinophenyl)phosphin (Abb. 5), sowie gemischter Carbonyl-Phosphin-Übergangsmetall-Komplexe [109, 111].

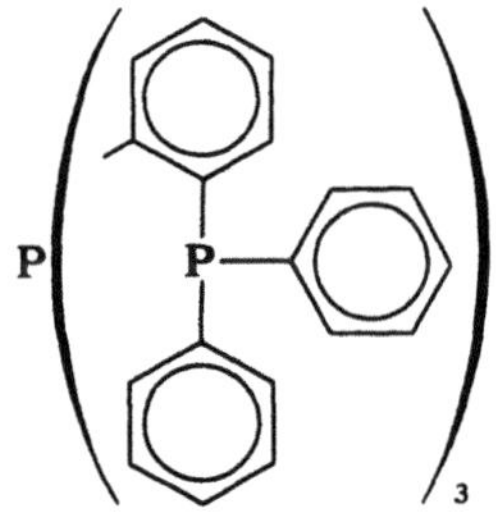

Abb. 5. Schematische Struktur des Liganden Tris(o-diphenylphosphinophenyl)phosphin

### 4.1.1.2.2. $^{13}C$-Untersuchungen.

Der Anwendungsbereich der vom metallorganischen Standpunkt aus besonders interessierenden $^{13}C$-Messung war bisher wegen der geringen natürlichen Häufigkeit des Isotops $^{13}C$ begrenzt, jedoch gibt es neuerdings auch kommerzielle Geräte mit einer für routinemäßige Messungen ausreichenden Empfindlichkeit. Nach einem ersten ausführlichen Vergleich von $^{13}C$-Verschiebungen metallorganischer $\pi$-Komplexe [112], wie ($\pi$-$C_5H_5$) $Mo(CO)_3Cl$ oder $\pi$-Norbornadien$-Mo(CO)_4$, scheint die diamagnetische Abschirmung der $^{13}C$-Kerne in *ungesättigten* Systemen bei der Komplexbildung merklich anzuwachsen. Sicher hängt dieser Effekt mit der verringerten Beweglichkeit der koordinierten $\pi$-Elektronen und dem dadurch verkleinerten paramagnetischen Anteil zusammen. Die Koordination der $\pi$-Elektronen verringert ihren Beitrag zu $\sigma_p$ drastisch. Im allgemeinen liegen die koordinierten C-Atome olefinischer Liganden gegenüber dem internen Standard $CS_2$ zwischen $+80$ und $+170$ ppm. Die $^{13}C$-Signale der Carbonylgruppen dagegen liegen bei tieferen Feldern, und zwar etwa $-6$ bis $-34$ ppm.

Im Trimethylenmethan-eisen-tricarbonyl treten drei Signalgruppen auf, und zwar bei $-18,8$ ppm und $+87,8$ ppm als Singletts sowie bei $+158$ ppm als Triplett, jeweils gegenüber $CS_2$ als internem Standard. Während das tiefere $^{13}C$-Signal eindeutig den CO-Gruppen zuzuordnen war, liegen die beiden höheren Absorptionen bei typischen Werten für $\pi$-koordinierte Olefine. Somit war die in Abb. 6 angedeutete symmetrische Struktur des Komplexes erwiesen. Wenn auch das $^{13}C$-Signal des zentralen Kohlenstoffatoms im Vergleich zu anderen $\pi$-Komplexen [*112, 113*] bei etwas zu tiefen Feldern auftritt, so war doch aus dem geringen Abstand zu den Signalen der endständigen C-Atome eine starke Wechselwirkung zwischen dem zentralen C-Atom und dem Metall zu postulieren [*114*].

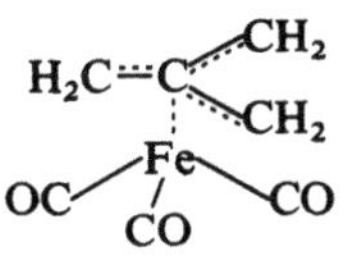

Abb. 6. Struktur des Trimethylenmethan-eisen-tricarbonyls

Da sich über die $^{13}$C-Messungen direkt Elektronendichten am koordinierten Ligandenatom und somit besonders detaillierte Angaben über die elektronische Struktur von Komplexen gewinnen lassen, wurde auf diesem Wege versucht, einen geradezu „klassischen" Streitfall in der metallorganischen Reihe zu lösen. Und zwar geht es um die genaue Struktur der Verbindung 1,3-Butadien-eisentricarbonyl, deren $^{1}$H-Spektren Anlaß zu verschiedenen Strukturvorschlägen gaben (Abschn. 4.1.1.1.6.2.).

Das $^{13}$C-Spektrum des Butadien-eisen-tricarbonyls besteht, abgesehen von einer typischen, den Carbonyl-C-Atomen zugehörigen Absorption bei tieferem Feld ($-18,9$ ppm rel. zu $CS_2$), aus zwei höher liegenden Absorptionen ($+151,7$ und $+107,0$ ppm rel. $CS_2$), die den endständigen bzw. in 2- bzw. 3-Stellung befindlichen C-Atomen zugeordnet wurden [*115*]. Beide C-Atome zeigen demnach eine positive Koordinationsverschiebung. Die $^{13}$C-Spektren legen eine Struktur mit weitgehend delokalisierten, an das Metall koordinierten $\pi$-Elektronen und zwar unter geringfügiger Abwinklung der endständigen $CH_2$-Gruppen nahe. Die Absorption der zentralen C-Atome bei wesentlich tieferem Feld deutet nämlich eine höhere $\pi$-Elektronendichte in der $C_2-C_3$-Bindung sowie geringere Wechselwirkung mit dem Metall an. Durch die Abwinklung der $CH_2$-Gruppen aus der Ebene des $C-C$-Gerüsts und der Neigung der entsprechenden $p_z$-Bahnfunktionen in eine besonders günstige Position zur Wechselwirkung mit dem Zentralmetall wären die $^{13}$C-Signallagen zu erklären.

Interessant scheint ein Vergleich mit den Signallagen im Cyclobutadieneisen-tricarbonyl-Komplex, dessen Ring-C-Atome bei $+131,8$ ppm erscheinen und somit zwischen die für das Butadien-eisen-tricarbonyl gemessenen Werte der Kohlenstoffatome $C_{1,4}$ bzw. $C_{2,3}$ fallen [*113*].

Die strukturanalytische Bedeutung von $^{13}$C-Messungen in der metallorganischen Chemie möge ein weiteres Beispiel belegen, und zwar ließen sich die in Lösungen von Methyllithium bzw. Aryllithium vorliegenden Aggregate als tetramere $Li(CH_3)$-Einheiten identifizieren [*116*].

**4.1.1.2.3. $^{14}$N-Messungen.** Während die geringe Konzentration der resonanzfähigen Kerne viele $^{13}$C-Untersuchungen verhindert, ist die Anwendung von $^{14}$N-Messungen durch die häufig große Linienbreite der Absorptionen eingeschränkt. $^{14}$N besitzt als Kern mit I = 1 ein Quadrupolmoment, so daß in weniger symmetrischen Verbindungen über die Wechselwirkung mit einem elektrischen Feldgradienten rasche Kernspin-Relaxation stattfindet. Die resultierenden Linienbreiten im Bereich von mehreren Gauß lassen eine Unterscheidung zwischen magnetisch inäquivalenten Kernen nicht immer zu. Die $^{14}$N-Verschiebungen unterscheiden sich bei variierendem Zentralmetall im allgemeinen nur geringfügig. Sie liegen bei direkt gebundenen Kernen im allgemeinen bei etwas höheren, für nicht direkt gebunde Kerne, wie etwa in Cyanid-Komplexen, bei tieferen Feldern als im freien Cyanid-Ion. Auf diese Weise läßt sich in Komplexen, die Liganden mit mehreren koordinationsfähigen Zentren besitzen, die Bindungsbetätigung überprüfen. Die $^{14}$N-Koordinationsverschiebungen in den nachweislich über das Schwefelatom gebundenen Thiocyanat-Komplexen sind negativ [117], in den über das N-Atom gebundenen SCN-Liganden dagegen deutlich positiv.

Die unterschiedliche Abschirmung in diesen Komplexen muß somit durch den Einfluß der Metall-Ligand-Bindung auf die Elektronenniveaus des Liganden zustandekommen. Nachdem der aus $\sigma_D$ stammende diamagnetische Anteil zur Gesamtabschirmung mit dem jeweiligen Ligandenatom kaum variiert, ist der wesentliche Beitrag zu den Verschiebungen der Änderung des paramagnetischen Beitrags, $\sigma_P$, zuzuschreiben. Für die Elemente der 2. Periode könnten mindestens zwei konkurrierende Effekte für die Lage der Signale verantwortlich sein [118].

*Direkt* gebundene Kerne von Donoratomen mit einem im freien Zustand nichtbindenden Elektronenpaar zeigen positive Koordinationsverschiebungen, weil für diese Ligandenkerne der paramagnetische Abschirmungsanteil $\sigma_P$ des freien Liganden durch die Einbeziehung des Elektronenpaares in die Metall-Ligand-Bindung verringert wird. Während nämlich die Energie des tiefsten angeregten Zustands $\pi^*$ praktisch unverändert bleibt, fällt die Energie des Grundzustands, $n$, deutlich ab. D. h. die Energiedifferenz $\Delta E\,(n \rightarrow \pi^*)$ zwischen Grundzustand und dem tiefstliegenden angeregten Niveau nimmt zu, so daß nach (2) $\sigma_P$ kleiner ausfällt. Das in der Metall-Ligand-Bindung lokalisierte Elektronenpaar trägt somit weniger zum paramagnetischen Anteil $\sigma_P$ bei. Für die auftretenden Verschiebungen ist weder eine Abhängigkeit von der Lage der langwelligsten optischen Absorption noch von der Stereochemie zu erkennen.

Ganz im Gegensatz dazu treten die Verschiebungen der *nicht direkt* gebundenen Kerne meistens bei tieferen Feldern auf, wie etwa die $^{14}$N-Resonanzen in Cyanid-Komplexen. Sie laufen außerdem parallel zur langwelligsten optischen Absorption, d. h. parallel zur Anregungsenergie in den nächst höheren Zustand $\Delta E$. Dieses Ergebnis läßt sich zwanglos mit zusätzlichen $\pi$-Wechselwirkungen zwischen Ligand und Zentralmetall deuten. In den Cyanid-Komplexen beteiligen sich die Liganden- und Metall-Bahnfunktionen an einer gemeinsamen Molekülbahnfunktion in Art einer $\pi$-Rückbindung. Durch Kombination von Metall-*d*-Bahnfunktionen geeigneter Symmetrie mit $\pi^*$-Ligandenbahnfunktionen sinkt die Energie der $\pi^*$-Niveaus ab und zwar umso stärker, je mehr der Anteil dieser Rückbindung an der gesamten Metall-Ligand-Wechselwirkung ausmacht. Nachdem für die *nicht direkt* gebundenen Atome die Energie der nichtbindenden Elektronen praktisch unverändert bleibt, verringert sich insgesamt der Abstand zwischen Grundzustand und nächsthöheren, angeregten Zuständen. $\sigma_P$ wächst an und eine deutliche Entschirmung der Ligandenkerne ist die Folge. Die $\pi$-Wechselwirkung zwischen *d*-Elektronen des Metalls und lockernden $\pi^*$-Bahnfunktionen des Liganden entspricht in groben Zügen der $d_\pi - d_\pi$-Wechselwirkung in Phosphinkomplexen, jedoch scheint die Wirkung auf $\sigma_P$ für die letzteren Verbindungen deutlich stärker. Nach diesem Modell wäre auch zu verstehen, daß die $^{14}$N-Resonanzen in Cyaniden stärker von dieser Zunahme des paramagnetischen Anteils profitieren als die vom Metall weiter entfernten $^{14}$N-Kerne in den über das Schwefelatom koordinierten $SCN^-$-Liganden.

In wenigen Fällen vermögen sich beide Effekte so zu überlagern, daß auch für direkt gebundene Ligandenkerne des gleichen Liganden an verschiedenen Zentralatomen die Vorzeichen der Koordinationsverschiebungen variieren. Nur wenn die durch Delokalisierung der Metall-$d$-Elektronen verursachte Vergrößerung des paramagnetischen Beitrags, $\sigma_P$, die Verringerung durch die Lokalisierung nichtbindender Ligandenelektronen überwiegt, treten negative Koordinationsverschiebungen auf, die in Komplexen mit besonders langwelligen optischen Absorptionen besonders groß ausfallen. Ganz ähnlich sind auch die Ursachen der Koordinationsverschiebungen der anderen Heterokerne von Elementen der 2. Periode, wie etwa $^{13}$C, zu verstehen. Für direkt gebundene Kerne der Komplexe mit dem starken Liganden CO sind z. B. mehr oder weniger große negative Koordinationsverschiebungen zu beobachten [118, 119].

**4.1.1.2.4. $^{17}$O-Messungen.** $^{17}$O mit einem Kernspin von I = 5/2 besitzt ebenso wie $^{14}$N ein merkliches Quadrupolmoment. Es kommt in natürlicher Häufigkeit nur zu 0,037 % vor, so daß entweder $^{17}$O-angereicherte Substanzen zu verwenden sind, oder ein Spektrenspeicher eingesetzt werden muß, um brauchbare Resultate zu erhalten. Praktisch alle $^{17}$O-Messungen beschäftigen sich mit der Untersuchung hydratisierter Metall-Ionen in Lösung. Da unter diesen Bedingungen meistens rascher Austausch zwischen koordinierten und freien Wassermolekülen stattfindet, lassen sich die Ergebnisse nur unter Berücksichtigung dieser zeitabhängigen Prozesse interpretieren. Sie werden deshalb in Abschn. 5.3. referiert.

Nur wenige Messungen liegen von Komplexen vor, in denen der Ligandenaustausch vernachlässigbar langsam abläuft. Dazu zählen eine Reihe von tetraedrischen Oxyanionen wie $MnO_4^-$ oder $CrO_4^{2-}$, für die jeweils die negativen Koordinationsverschiebungen mit der Zunahme der Energie der langwelligsten optischen Absorption erwartungsgemäß abnehmen [120]. Gleiches gilt für die Verschiebungen verschiedener Carbonyl-Komplexe wie $Ni(CO)_4$, $Fe(CO)_5$ oder $Co(CO)_3NO$ [118].

**4.1.1.2.5. $^{19}$Fluor-Verschiebungen.** $^{19}$F besitzt wie das Proton einen Kernspin von I = 1/2 und ein ähnlich großes magnetisches Moment, so daß die Signale nahe bei den Protonen-Resonanzen auftreten. $^{19}$F-Messungen gehören seit langem, ähnlich wie $^1$H-Messungen, zur Routine analytisch arbeitender Chemiker, so daß von den vielen Messungen nur wenige Beispiele angegeben werden können. Die Theorie der $^{19}$F-Verschiebungen wurde bereits vor vielen Jahren ausführlich dargelegt [121]. Danach bestimmt nicht nur — wie etwa beim Wasserstoffatom — die Elektronendichte, sondern auch der Charakter der Metall-Ligand-Bindung die Verschiebungen. Durch kovalente Bindungen werden im allgemeinen paramagnetische Abschirmungsbeiträge erzeugt. In Komplexen von Übergangsmetallen dominiert jedoch, ähnlich wie für Protonen, die abschirmende Wirkung der $d$-Metallelektronen. So liegen etwa in metallorganischen Übergangsmetall-Komplexen mit $\sigma$-gebundenen perfluorierten Alkylgruppen die $^{19}$F-Signale der $\alpha$-$CF_2$-Gruppen bei tieferen Feldern [122]. Daß im wesentlichen die enge Nachbarschaft zum Übergangsmetall diese Verschiebungen verursacht, läßt sich bei Vergrößerung des Me$-$F-Abstands, etwa durch Einfügen einer CO-Gruppe zeigen. In Verbindungen des Typs $L_x$Me$-$CO$-$CF$_3$ ebenso wie für $\beta$-ständige CF$_2$-Gruppen fallen die Verschiebungen in den gleichen Bereich wie etwa für $\sigma$-gebundene perfluorierte Stannane. Die $d$-Elektronen der Übergangsmetalle üben anscheinend einen entschirmenden Effekt aus, der als Nachbargruppeneffekt zu klassifizieren wäre [122]. Die Berechnung der abschirmenden Wirkung der $d$-Elektronen für Kerne in verschiedenem Abstand vom Zentralmetallkern ergab z. B. für die $\alpha$-CF$_2$-Gruppe einen Wert von $-50$ ppm, der tatsächlich für $^{19}$F-Kerne einiger direkt an das Zentralmetall gebundener CF$_3$-Gruppen beobachtet wird [122].

Um wenigstens einige „anorganische" Beispiele zu erwähnen, sollen die Vielzahl von Messungen an diamagnetischen Fluoriden wie AsF$_6^-$ und PF$_6^-$ [123], die teilweise raschen Austausch zwischen den Komplexliganden zeigen [124] oder die neuerdings vielbearbeiteten PF$_3$-Komplexe genannt werden [102].

#### 4.1.1.2.6. $^1$H-Verschiebungen.

Für die bisher behandelten schwereren Kerne liefert von den in (3) angeführten Abschirmungsanteilen $\sigma_P$ den wesentlichen Beitrag, so daß die Verschiebungen nach (2) mehr oder weniger eindeutig von der Energiedifferenz zwischen Grundzustand und nächsthöherem angeregten Zustand abhängen. Das gilt für die Protonenverschiebungen nur noch in sehr beschränktem Maß, da die nächsthöheren angeregten Zustände energetisch zu weit entfernt sind. Das Kriterium der Elektronendichte um das Proton scheint demgegenüber für die $^1$H-Verschiebungen maßgebend zu sein, und zwar läßt sich grob vereinfachend für die Protonen mit der höchsten Elektronendichte auch die größte Verschiebung nach höheren Feldern vorhersagen. Die $^1$H-Verschiebungen sind von so außerordentlicher praktischer Bedeutung, daß an Stelle einer theoretischen Abhandlung nach (1) $-$ (3) semiempirische Regeln bei der Zuordnung der $^1$H-Signale in Komplexverbindungen weiterhelfen. Ein großer Teil der Ergebnisse an Übergangsmetall-Komplexen ließe sich mit folgenden, grob vereinfachenden Faustregeln erfassen:

1. Die *diamagnetische* Abschirmung der Protonen wächst im allgemeinen mit der Annäherung an das Zentralmetall-Ion. Ein extremer Fall liegt in Übergangsmetall-Hydriden vor. Der Effekt tritt besonders deutlich in metallorganischen Komplexen auf.

2. Diese Verschiebungen nach höheren Feldern nehmen außerdem mit steigender *negativer* Ladung des Zentralmetalls bzw. des Gesamtkomplexes zu und fallen mit steigender positiver Ladung der Verbindung ab.

3. Verhindert die Komplexbindung einen im freien Liganden möglichen paramagnetischen Abschirmungsbeitrag ($\pi$-Komplexe von Aromaten und Olefinen), so fällt die positive Koordinationsverschiebung besonders deutlich aus. Diese Regeln erleichtern zumindest die routinemäßig anfallende strukturanalytische Auswertung der $^1$H-NMR-Spektren.

*4.1.1.2.6.1. $^1$H-Verschiebungen in Hydrido-Komplexen.* Der einfachste denkbare protonhaltige Ligand ist das Wasserstoffatom selbst. Die $^1$H-NMR-Parameter von Hydrid-Komplexen der Übergangsmetalle wurden erst kürzlich zusammenfassend behandelt [125, 126].

Die $^1$H-Absorptionen aller Übergangsmetall-Hydrid-Komplexe, in denen bekanntlich direkte Proton-Metall-Bindungen auftreten, erscheinen charakteristisch bei höheren Feldern, allgemein oberhalb von $\tau = 12$, meistens jedoch im Bereich zwischen $\tau = 20-30$, manchmal sogar bei Werten um 45 $\tau$.*

Übereinstimmend mit den im voranstehenden Abschnitt angegebenen Faustregeln, liegen die $^1$H-Absorptionen von positiv geladenen Hydrid-Komplexen tiefer, z. B. $[(\pi\text{-}C_5H_5)_2FeH]^+$ bei $\tau = 12.1$ [127], während sie in neutralen Komplexen mit stark donierenden Liganden bei wesentlich höheren Feldern ($\tau \sim 20-30$) zu finden sind, etwa in Komplexen mit Phosphinliganden wie $HN_2Co[(C_6H_5)_3P]_3$, die nur geringe Neigung zur Rückbindung besitzen [128].

In den Verschiebungen der Hydrid-Protonen kommt der starke Einfluß der $d$-Elektronen des Übergangsmetalls besonders zum Ausdruck. Weder die Annahme, daß die Protonen in die Elektronenwolke des Zentralmetalls eintauchen und dadurch stark abgeschirmt werden [129] noch die Anschauung, daß ein überwiegend negativ geladenes Hydrid-Ion besonders stark diamagnetisch abgeschirmt sei [130], vermag die experimentellen Daten zu deuten, denn im freien Hydrid-Ion wird ein $\tau$-Wert von 5 gemessen.

Quantitative Zusammenhänge hatte man sich von zwei theoretischen Ansätzen erhofft. Einmal wurde allein eine diamagnetische Abschirmung durch die Elektronendichte in äußeren Metallbahnfunktionen postuliert [131], während eine spätere ausführlichere Arbeit auch den möglichen paramagnetischen Anteil, $\sigma_P$, zur Gesamtverschiebung, der quantitativ durch Beimischung elektronisch angeregter Zentralmetall-Zustände zum Grundzustand zu berechnen ist, berücksichtigt [11]. In Hydrido-Komplexen der ersten Übergangsmetallreihe liefern beide Ansätze befriedigende Ergebnisse, jedoch fallen bei den höheren Homologen deutliche Unterschiede auf [11], falls auch der aus $\sigma_P$ resultierende Anteil berücksichtigt wird.

Wegen der mangelnden Kenntnis über Ausdehnung und Energie der teilweise besetzten $d$-Elektronenbahnfunktionen des Zentralmetalls sind gewisse Diskrepanzen zwischen berechneten und experimentell bestimmten Werten durchaus begreiflich.

In der chemischen Praxis erleichtern die typischen Signallagen der Hydrid-Protonen die Analyse der Spektren. Da weitere $^1$H-Absorptionen von organischen Liganden in deutlichem Abstand auftreten, sind Spektren erster Ordnung zu beobachten, die sowohl zur qualitativen als auch zur quantitativen Bestimmung des hydridischen Wasserstoffs einer Verbindung ohne größeren Aufwand und zuverlässig herangezogen werden können. Je geringer der Anteil des Wasserstoffs am Gesamtmolekül ist, umso wertvoller erweist sich die NMR-Methode als analytisches Hilfsmittel. Zu Komplexen mit extrem wenig Wasserstoff zählen z. B. verschiedene Metallcarbonyl-„Cluster" des Osmiums, Rutheniums [132] oder des Eisens [133], die nach den $^1$H-Spektren hydridische Protonen enthalten, ferner ein Eisen enthaltender Hydridocarbonyl-Komplex der Formel $H_2FeRu_3(CO)_{13}$ [134], dessen $^1$H-Signal bei $\tau = 28,7$ auftritt. Nur wenige derartige gemischte Hydrid-Carbonyl-Metall-Komplexe sind bislang bekannt [135].

---

* Die $^1$H-Verschiebungen werden allgemein relativ zum Standard Tetramethylsilan mit $\tau = 10$ als sog. $\tau$-Werte angegeben. Verschiebungen die bei höherem Feld liegen, besitzen demnach $\tau$-Werte $> 10$.

Eine eindeutige Identifizierung des Komplexes Hydridotetracyclopentadienyl-trirhodium (Abb. 7) war trotz einer Röntgenstrukturanalyse z. B. allein aus dessen [1]H-NMR-Spektrum möglich [136].

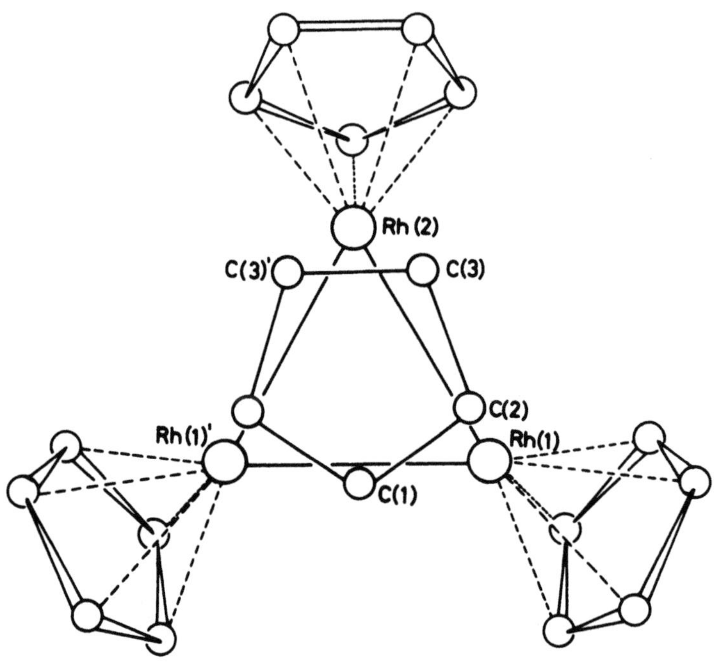



Abb. 7. Struktur des Komplexes Hydrido-tetracyclopentadienyl-trirhodium [136]

Von den neueren Anwendungsbeispielen wären die eingehendst untersuchten Stickstoff-fixierenden Komplexe des Typs $H_3Co(Ph_3P)_3$ [137], über deren Wasserstoffgehalt zunächst keine Klarheit bestand, zu erwähnen. Aus der Intensität der Absorptionen sowie aus den auftretenden Kopplungen läßt sich für $HN_2Co[(C_6H_5)_3P]_3$ eine fünffache Koordination [128, 138] mit trigonal pyramidaler Anordnung der Liganden beweisen, die durch Ergebnisse von röntgenstrukturanalytischen Arbeiten [139] gestützt wird. Der Wert dieser [1]H-Ergebnisse an den stickstoffhaltigen Komplexen dieser Reihe, wie etwa $[(C_2H_5)_3P]_3\,CoHN_2$ oder $[(n\text{-}C_4H_9)_3P]_3\,CoHN_2$, wird durch die Tatsache unterstrichen, daß die für Übergangsmetallhydride charakteristische und häufig intensive $\nu$-Me$-$H-Valenzabsorption im IR-Spektrum nicht auftritt [140]. Auch die Struktur der davon abgeleiteten Kobalt(I)-Kohlenmonoxid-Hydrid-Komplexe, wie $H(CO)Co[(C_6H_5)_3P]_3$, mit einem Signal bei $\tau = 22$ und einer Aufspaltung der Hydridabsorption durch die $^{31}P-Co-{}^1H$-Kopplung in vier Linien, konnte analytisch nur durch [1]H-Messungen gesichert werden.

Ebenso fehlt die einer Me$-$H-Valenzschwingung entsprechende Absorption im IR-Spektrum eines 7fach koordinierten Hydrido-Komplexes des Iridiums(III), obwohl bei $\tau = 17{,}2$ ein typisches Hydrid-Signal auftritt [141].

Außergewöhnliche Beispiele von Komplexen mit mehreren Hydridprotonen wären z. B. Oktahydride des Rheniums [*142*], die als 9. Liganden eine tertiäre Phosphingruppe tragen. Die Verschiebungen der Hydridprotonensignale in diesen Komplexen mit mehreren hydridischen Protonen sind im allgemeinen kleiner, z. B. auch im Hexahydrido-tris(dimethylphenylphosphin)-wolfram mit $\tau = 11{,}94$ [*143*]. Jedoch lassen sich auch für diese Regel sehr leicht Ausnahmen finden. So liegt z. B. das NMR-Signal für die hydridischen Protonen eines Dihydrido-platin(IV)-diacetylen-diphosphin-Komplexes mit $\tau = 32{,}88$ besonders hoch. [*144*]

Die $^1$H-Verschiebungen hydridischer Protonen eignen sich zudem, zwischen geometrischen Isomeren eines Komplexes, etwa beim Vorliegen einer cis-, trans-Isomerie, zu unterscheiden [*126*]. Zu Phosphin- oder Arsin-Liganden trans-ständige Hydrid-Protonen liegen im allgemeinen bei tieferen Feldern als in trans-Stellung zu Halogeniden oder Pseudohalogeniden [*145*]. Die $\tau$-Werte in Hydrid-Komplexen mit trans-ständigem Halogenid- bzw. Pseudohalogenid fallen mit zunehmendem „trans-Effekt" des Liganden, z. B. von $\tau = 33{,}6$ für trans-$\{PtHNO_3[(C_2H_5)_3P]_2\}$ auf $\tau = 17{,}6$ für trans-$\{PtHCN[(C_2H_5)_3P]_2\}$ [*145*].

Im allgemeinen ergibt sich aus den $^1$H-Verschiebungen die Konfiguration der Verbindungen etwa für die sehr interessanten Hydrierungskatalysatoren des Typs $[(C_6H_5)_3P]_3RhCl$ [*146, 147*].

*4.1.1.2.6.2. $^1$H-Verschiebungen in metallorganischen Komplexen.* Abgesehen von wenigen Ausnahmen, in denen im Ligandensystem durch die Komplexbildung paramagnetische Beiträge wirksam werden, sind die $^1$H-Koordinationsverschiebungen in Übergangsmetall-Komplexen positiv. Nachdem eine neuere zusammenfassende Arbeit vorliegt [*148*], seien nur einige charakteristische und jüngere Ergebnisse angeführt, um die Arbeitsweise bei strukturanalytischen Problemstellungen anzudeuten.

Besonders groß sind die Koordinationsverschiebungen für diejenigen Protonen, die dem Metall am nächsten stehen (Regel 1). Ist die bei der Koordination stattfindende Annäherung an das Zentralmetall gleichzeitig mit einem Abzug von $\pi$-Elektronen aus C−C-Bindungen verbunden, so verstärkt sich dieser Effekt, da dann zusätzlich die paramagnetischen Abschirmungsbeiträge der freien $\pi$-Elektronen abnehmen. So zeigen alle mono-Olefin-Komplex-Protonen deutliche positive Koordinationsverschiebungen, die umso größer ausfallen, je geringer der Metall-Protonabstand im Komplex ist.

Nur in Platin(II)-mono-Olefin-Komplexen scheint ein nach (2) zu berechnender paramagnetischer Beitrag zu wirken, denn in diesen Komplexen sind die Koordinationsverschiebungen relativ klein [*149, 150*]. Für Monoolefine, die an $Ag^+$-Ionen koordiniert sind, scheinen sogar negative Koordinationsverschiebungen [*151, 152*] vorzukommen.

Die direkte Abhängigkeit der Verschiebungen von der Metall-Proton-Distanz im Komplex fällt besonders auf, wenn $^1$H-Spektren von Verbindungen mit relativ großen, unsymmetrischen, aber sterisch starren organischen Liganden, z. B. dem Norbornadien (Abb. 8) vorliegen. Norbornadien selbst besitzt nach dem $^1$H-Spektrum (Tab. 1) drei Gruppen magnetisch inäquivalenter Protonen, nämlich 4 olefinische, 2 tertiäre und schließlich 2 Protonen am Brücken-C-Atom. Nach dem $^1$H-NMR-Spektrum enthält die Verbindung $C_7H_8 - Mn(\pi\text{-}C_5H_5)(CO)_2$

jedoch sechs Gruppen von chemisch nicht äquivalenten Protonen (Tab. 1). Eines der Signale ist den 5 äquivalenten Cyclopentadienyl-Wasserstoffatomen ($H_F$) zuzuordnen und für die weitere Diskussion ohne Interesse. Der Ligand scheint nur mit einer von zwei $\pi$-Bindungen an das Metall koordiniert zu sein, so daß eine relativ unsymmetrische Anordnung resultiert. Ein Signal mit der relativen Intensität 2 bleibt von der Koordination praktisch unberührt ($\tau = 4{,}00$) und ist demnach Protonen an einer freien $\pi$-Bindung zuzuordnen ($H_A$) (Abb. 8).

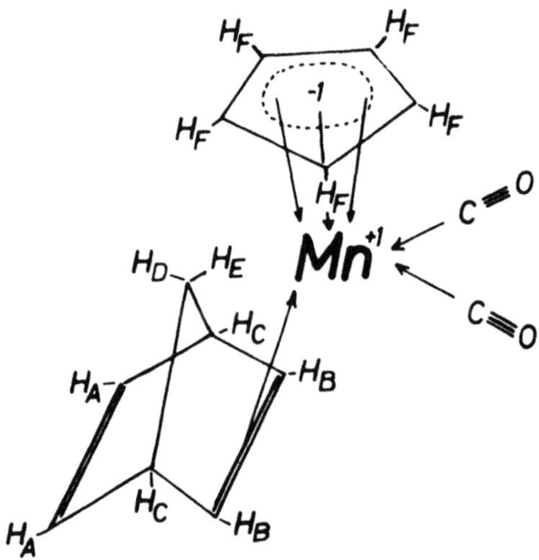

Abb. 8. Struktur des Komplexes $C_7H_8 - Mn(C_5H_5)(CO)_2$

Ein geringfügiger, diamagnetisch abschirmender Effekt durch die Metall-$d$-Elektronen ist jedoch selbst für diese relativ weit vom Zentralmetall entfernten Protonen meßbar, denn im freien $C_7H_8$ liegen die olefinischen Protonen mit einem $\tau$-Wert von 3,56 etwas tiefer.

Auch für die vom Metall ebenfalls weit entfernten tertiären Protonen ($H_C$) ist ein ähnlicher Einfluß der $d$-Elektronen spürbar, denn die Koordinationsverschiebung von $+ 0{,}6$ ppm ist weit außerhalb der Fehlergrenze der Methode. Diamagnetische Abschirmungsbeiträge durch die Metallelektronen lassen sich für nicht direkt an koordinierte Kohlenstoffatome gebundene Protonen somit bis zu Entfernungen von $5 - 7$ Å nachweisen.

Die Unterschiede in der Abschirmung koordinierter bzw. freier *olefinischer* Protonen fallen wesentlich größer aus (Regel 1 und Regel 3). Für die Protonen an der koordinierten C – C-Bindung ($H_B$) ergibt sich ein $\tau$-Wert 6,79, dem ein Wert der freien olefinischen Protonen von $\tau = 4{,}00$ gegenübersteht. Diese beträchtlichen Abschirmungsdifferenzen lassen sich einerseits auf den durch die Koordination verkleinerten paramagnetischen Anteil der $\pi$-Elektronen sowie durch eine diamagnetische abschirmende Wirkung der $d$-Elektronen zurückführen. Ähnliche Unterschiede zwischen freien und komplexgebundenen Vinyl-Protonen treten allgemein in Mono- oder Oligoolefin-Komplexen für die olefinischen Protonen des freien bzw. gebundenen Liganden auf. Sie liegen im allgemeinen in der Größenordnung von $2-4$ ppm. Sie lassen sich einfach in Komplexen von Oligoolefinen messen, wenn nur ein Teil der $\pi$-Bindungen an das Zentralmetall komplexgebunden ist, z. B. auch in verschiedenen Cyclooktatetraen-Komplexen [154].

Tabelle 1. *NMR-Signale von Norbornadien, $C_7H_8$*

| $\tau$-Wert | Intensität | Zuordnung | Gestalt |
|---|---|---|---|
| 3,56 | 4 | $H_A$ | Symmetrisches Multiplett |
| 6,77 | 2 | $H_B$ | Multiplett |
| 7,74 | 2 | $H_C$ | Triplett |

*Parameter des $\pi$-$C_7H_8$ — $\pi$-$C_5H_5Mn(CO)_2$-Spektrums*

| $\tau$-Werte | ppm bez. auf $C_5H_5$ | Intensität | Aufspaltung | Zuordnung |
|---|---|---|---|---|
| 4,0 | $-2,61$ | 2 | Triplett $J = 1,75$ | $H_A$ |
| 6,79 | $+0,18$ | 2 | Singulett | $H_B$ |
| 7,37 | $+0,77$ | 2 | Multiplett | $H_C$ |
| 9,18 | $+2,57$ | 1 | Doppeltriplett $J = 1,65$ | $H_D$ |
| 9,91 | $+3,30$ | 1 | Doppeltriplett $J = 1,35$ | $H_E$ |
| 6,61 | 0 | 5 | Singulett | $H_F$ |

Auch die Protonen der $CH_2$-Brücke spiegeln nach Regel 1 die erwartete Abhängigkeit der Abschirmung vom Metall-Proton-Abstand wider. Da das Metallatom nur an eine $\pi$-Bindung koordiniert ist, kommt von den beiden Protonen der Methylenbrücke eines dem Metall besonders nah ($H_E$) (Abb. 8). Eine deutliche Verschiebung zwischen den beiden Brückenprotonen $H_E$ und $H_D$ ist somit gedeutet, wobei das entferntere Proton $H_D$ weniger stark abgeschirmt ist. Ein zusätzliches Argument für diese Zuordnung und die in Abb. 8 angedeutete Struktur liefert die Linienbreite der Signale. $^{55}$Mn mit einem Kernspin von $I = 5/2$ besitzt ein Quadrupolmoment, das rasche $^1$H-Kernspin-Relaxation und somit Linienverbreiterung verursachen kann. Das breiteste Signal sollte dem Proton mit der größten Koordinationsverschiebung zukommen, das dem Mangan am nächsten steht und somit am stärksten an den relaxierenden Kern gekoppelt ist.

Bei ähnlicher Abschirmung von Protonen im freien Liganden lassen sich demnach alle Verschiebungsdifferenzen im Metall-Komplex in wechselnde Metall-Proton-Abstände übersetzen. Dieser Zusammenhang gilt natürlich nur dann, wenn keine weiteren Nachbargruppeneffekte im Komplex auftreten oder auch unterdrückt werden. Besonders wirksam sind die in aromatischen oder konjugierten Ringsystemen auftretenden sog. Ringströme, deren Wirksamkeit sich z. B. deutlich verringert, wenn die $\pi$-Elektronen des Systems in einer Metall-Ligand-Bindung fixiert werden. Die Analyse des $^1$H-Spektrums von 1,6-Methano-cyclodecapentaen-chrom-tricarbonyl (Abb. 9) [*13*] ergibt z. B., daß von den beiden durch den Ringstrom besonders stark diamagnetisch abgeschirmten Brücken-protonen im Komplex eines praktisch unverändert bei höheren Feldern bleibt, während das andere, von dem angenommen werden darf, daß es sterisch über dem koordinativ gebundenen Teil des $\pi$-Systems angeordnet ist, deutlich tiefer auftritt. Durch koordinative Bindung eines Teils der aromatischen Elektronen entfällt die abschirmende Wirkung des Ringstroms für das Proton über dieser Ringseite. Die Resonanz bei höherem Feld ist dem Proton über dem ungestörten Teil des aromatischen Systems zuzuordnen. Die aus $^1$H-Spektren abgeleitete Struktur (Abb. 9) [*13*] konnte wenig später durch Röntgenstrukturanalyse bewiesen werden [*155*].

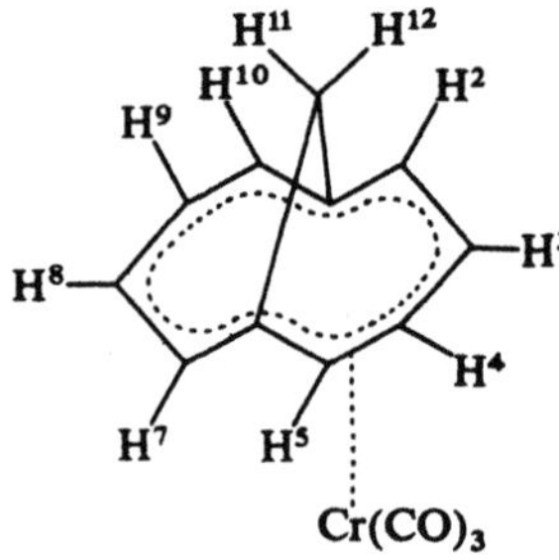

Abb. 9. Struktur des Komplexes 1,6,-Methano-cyclodecapentaen-chromtricarbonyl [*13*]

Noch ausgedehntere konjugierte $\pi$-Systeme finden sich in verschiedenen Porphyrin- und Phthalocyanin-Komplexen. Besitzen die im Zentrum koordinierten Zentralmetalle weitere axiale Liganden die Protonen enthalten, so sind ebenfalls starke $^1$H-Verschiebungen nach höheren Feldern zu beobachten, so z. B. im Methylkobalt(III)-phthalocyanin [*156*] oder im Methyl-kobalt(III)-porphyrin [*157*]. Die Verschiebungen nach höherem Feld hängen dann nicht von der Entfernung zum Zentralmetall, sondern von der Distanz zum Zentrum des abschirmenden $\pi$-Systems ab. Kürzlich konnte dieser Effekt an Phthalocyanin-Komplexen mit Triäthylsiloxylgruppen in den axialen Positionen nachgewiesen werden [*158*]. Durch die rasch abnehmende abschirmende Wirkung mit zunehmender Entfernung von der Mitte des $\pi$-Systems treten etwa zwischen den CH$_2$- bzw. CH$_3$-Gruppen der Siloxylreste Verschiebungen von 1,3 ppm auf, wobei den Protonen der CH$_2$-Gruppe das Signal bei höheren Feldern zukommt. Eine deutlich verbesserte Auflösung für magnetisch inäquivalente Alkyl-Protonen läßt sich auf diese Weise erzielen.

Ebenfalls in die Nähe des „hydridischen" Bereichs fallen die $\alpha$-Protonen von axialen Methylgruppen in Nickel(II)-corrol-Komplexen [*159*]. Die nach Regel 2 erwartete deutliche Verringerung der Verschiebungen mit zunehmender positiver Komplexladung ließ sich für die letztgenannten Komplexe tatsächlich auffinden. Das Methyl-nickel(II)-corrol kann protoniert werden, wodurch eine positive Gesamtladung entsteht. Eine drastische Verschiebung des Nickelmethyl-Signals von $\tau = 12{,}65$ auf $\tau = 7{,}6$ begleitet die Protonierung. Ein von den Elektronen der Carbonylgruppen in metallorganischen Komplexen verursachter Nachbargruppeneffekt, der die $^1$H-Verschiebungen beeinflußt, wurde kürzlich für Tricarbonyl(trans-1,3-Dimethylindan)chrom postuliert [160].

Die bisherige Diskussion beschäftigte sich vorwiegend mit Liganden, deren elektronische Struktur vor allem an den Koordinationszentren und dazu benachbarten Stellen des Moleküls vom Zentralmetall beeinflußt wird. Bei der koordinativen Bindung konjugierter Oligoolefine finden jedoch häufig im Ligandensystem weitgehende Umgruppierungen aller $\pi$-Elektronen statt. Die $^1$H-NMR-Spektren metallorganischer Komplexe mit konjugierten Oligoolefinen können möglicherweise zweideutig sein, etwa das $^1$H-Spektrum des 1,3-Butadien-eisen-tricarbonyls [161]. Es ist in Abb. 10 schematisch angegeben. Zwei der sechs Ligandenprotonen sind besonders stark, zwei davon relativ wenig

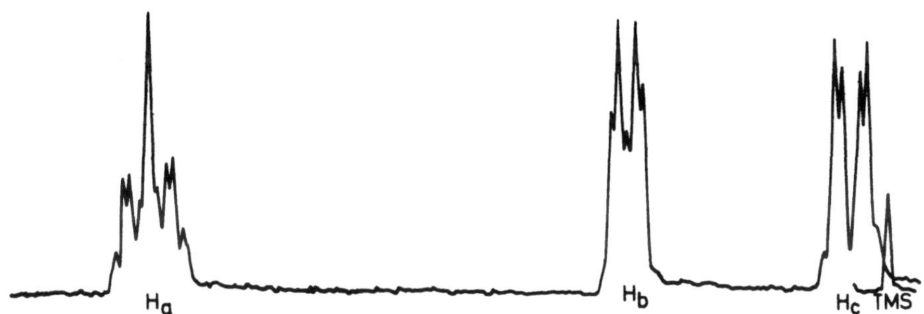


Abb. 10. $^1$H-Spektrum des 1,3,-Butadien-eisen-tricarbonyls

abgeschirmt. Mit diesem Spektrum wäre eine Struktur, wie in Abb. 11a angedeutet, vereinbar, also mit zwei $\sigma$-Bindungen zwischen den endständigen Kohlenstoffatomen und dem Zentralmetallatom unter Wanderung der Doppelbindung in 2,3-Stellung. Die dem Metall am nächsten stehenden Protonen $H_c$ verursachen dann das Signal bei höchstem Feld. Nicht auszuschließen ist nach den $^1$H-NMR-

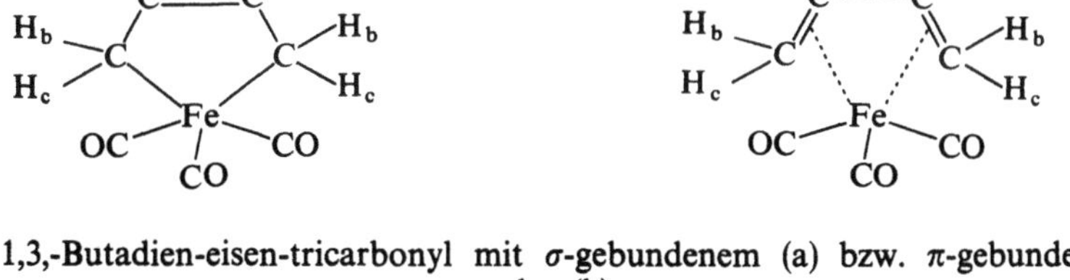

Abb. 11. 1,3,-Butadien-eisen-tricarbonyl mit $\sigma$-gebundenem (a) bzw. $\pi$-gebundenem Liganden (b)

Spektren allerdings eine in Abb. 11b schematisch aufgezeichnete Struktur unter der Voraussetzung, daß der Metall-Ptoton-Abstand überwiegend die Verschiebungen bestimmt. Der besonders kleine Abstand Metall-$H_c$ sowie die größeren Me-$H_b$ und Me-$H_a$ Distanzen könnten die Abschirmungsunterschiede gut erklären. Die genaue sterische Anordnung des Metallatoms zum 1,3-Butadienliganden geht also aus den Spektren nicht hervor und es sieht so aus, als ob die Ergebnisse der NMR-Messungen an diesen metallorganischen Komplexverbindungen nicht eindeutig sind. $^{13}$C-NMR-Messungen erbrachten ebenfalls keine eindeutige Aussage.

Offensichtlich handelt es sich jedoch um ein Scheinproblem, denn die tatsächliche Struktur des Komplexes ist als Überlagerung der beiden Extreme (a) und (b) anzusehen. In einem V.B.-Formalismus würde man den Grundzustand der Verbindung am besten durch eine Resonanz zwischen den beiden in Abb. 12 angedeuteten mesomeren Formen beschreiben. Eine lineare Kombination von (a) und (b) stellt somit den elektronischen Grundzustand dar. Im MO-Formalismus wäre der vorliegende, aus $^1$H-Messungen zu folgernde Sachverhalt durch die Beimischung einer angeregten $\pi^*$-Bahnfunktion, die zwischen $C_1$ und $C_2$ sowie zwischen $C_3$ und $C_4$ lockernden, zwischen $C_2$ und $C_3$ jedoch bindenden Charakter aufweist, auszudrücken. Beide Modelle sind völlig gleichwertig und vermögen sowohl die $^1$H-Messungen als auch andere spektroskopische Ergebnisse befriedigend zu beschreiben, etwa die nach röntgenstrukturanalytischen Daten erwiesene Abwinkelung des planaren Butadienliganden zur Ebene der drei Carbonylgruppen [161a]. Ähnliche Probleme treten immer wieder bei der Diskussion der $^1$H-Spektren metallorganischer $\pi$-Komplexe der Übergangsmetalle auf. Deutlich davon zu unterscheiden sind die später eingehend diskutierten zeitabhängigen Umlagerungen im Komplex (Abschn. 5.3.). Manche Liganden, wie das Allylradikal, vermögen auf verschiedene Art mit dem Zentralmetall zu koordinieren. Neben rein ionischer Bindung, kommen $\sigma$- bzw. $\pi$-Beziehungen vor [148, 162, 163, 164, 165]. In manchen Fällen finden auch $\sigma - \pi$-Umlagerungen statt. Ist der Allyl-Ligand nach den $^1$H-Spektren als $\sigma$-gebunden anzusehen, so lassen sich verschiedene C$-$C-Abstände nachweisen [166, 167]. Auch sog. „dynamische" Allylgruppen z. B. im $(C_3H_5)_2$Zn konnten durch ihre typischen $^1$H-Spektren, die aus einem Quintett und einem Dublett im Intensitätsverhältnis 1:4 bestehen, nachgewiesen werden [168].

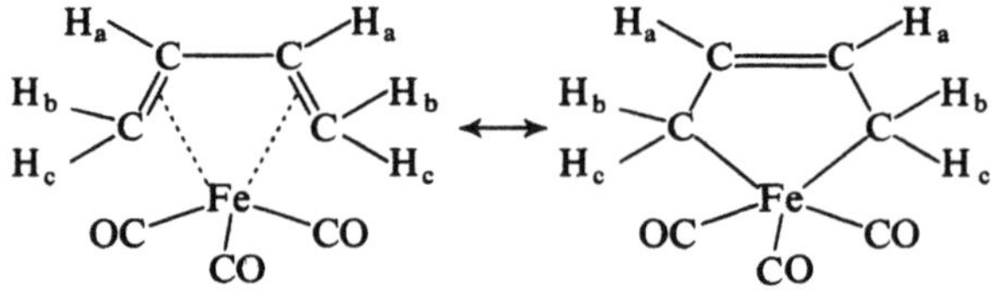

Abb. 12. Die mesomeren Formeln für 1,3,-Butadien-eisen-tricarbonyl

Die vielen, in den letzten Jahren durchgeführten $^1$H-Messungen im einzelnen aufzuführen, würde den Rahmen dieser Arbeit sprengen. Die Aufzählung einiger wesentlicher neuerer Ergebnisse, etwa an Cyclobutadien-Komplexen [169] mit einem einzelnen $^1$H-Signal der Ringprotonen, an Komplexen des Hexamethyl-Dewar-Benzols [170, 171, 172, 173] und an Carben-Komplexen [174] soll wenigstens auf einige, auch vom chemischen Standpunkt aus interessante Probleme aufmerksam machen.

Bei der Diskussion der strukturanalytischen Bedeutung der $^1$H-NMR-Methode sind einige bemerkenswerte Fehlleistungen nicht zu vergessen. Die experimentell ausgiebig bewiesene Tatsache, daß metallnahe Protonen besonders stark abgeschirmt sind, hat dazu geführt, die nukleophile Addition negativ geladener Atome oder Atomgruppen an das Kobalticinium-Ion so zu beschreiben, als ob jeweils die *endo*-Form entstünde [175, 176, 177]. Röntgenographische Ergebnisse beweisen jedoch das Gegenteil [178]. Danach ragt das Methylen-Kohlenstoffatom mit dem Substituenten sehr stark aus der Ebene der vier restlichen C-Atome heraus. Die Bindungswinkel für dieses aliphatische C-Atom entsprechen weitgehend dem Tetraederwinkel, so daß sich eine geometrische Anordnung ergibt, bei der sich das „exo" Proton über dem $\pi$-System sehr stark an das Metallatom annähert, während das als „endo"-Proton bezeichnete Wasserstoffatom einen größeren Abstand vom Zentralmetallatom aufweist.

Auch bei Komplexen mit sehr großen Liganden sind die $^1$H-Spektren zuweilen vieldeutig; so wurde z. B. Bis($\pi$-azulen)-eisen zunächst als ($\pi$-cyclopentadienyl)-eisen-($\pi$-cycloheptatrien)-Komplex formuliert [179], später jedoch als Bis($\pi$-cyclopentadienyl)-eisen-Komplex erkannt [180], in dem die beiden 7-Ringe durch eine C $-$ C-Bindung verknüpft sind.

*4.1.1.2.6.3. $^1$H-Verschiebungen in anorganischen Komplexen.* Die Liganden der anorganischen Komplexe, wie Amine, Aldehyde, Ketone oder Sulfide, sind im allgemeinen deutlich „schwächer" als die in metallorganischen Verbindungen auftretenden organischen Liganden. Zudem weisen die Zentralmetall-Ionen häufig positive Ladungen auf, die nicht immer kompensiert werden. Aus diesen Gründen verringert sich der Einfluß der Metallelektronen auf die NMR-Parameter oft bis zur unteren Nachweisgrenze, d. h. in manchen Komplexen liegen die Verschiebungen für die Ligandenprotonen an der gleichen Stelle wie im freien Liganden.

In den etwas stärkeren Komplexen, besitzen — ähnlich wie in den metallorganischen Komplexen — die metallnahen Protonen die stärksten Verschiebungen nach höheren Feldern. So macht sich z. B. im Nickel(II)-Komplex mit dem Liganden N,N'-Di-(2-aminoäthyl)-malondiamide $[CH_2(CONHCH_2 \cdot CH_2 \cdot NH_2)_2]$ das Metall für die $\gamma$-Protonen am wenigstens bemerkbar [181].

Die überwiegende Zahl von NMR-Messungen an diesen Komplextypen beschränkt sich auf die Anwendung der Methode als rasch und ohne wesentlichen Aufwand arbeitendes strukturanalytisches Hilfsmittel. Die bereits ausführlich diskutierten Zusammenhänge zwischen Struktur- und NMR-Parametern gelten unter Berücksichtigung der verringerten Metall-Ligand-Bindungsstärke ebenso für die „anorganischen" Komplexe.

## 4.1.2. Die Kopplungskonstanten

Neben den chemischen Verschiebungen (Abschn. 4.1.1.) interessieren den analytisch arbeitenden Chemiker vor allem die Kopplungskonstanten. Sie vermitteln ein Bild darüber, welche Kerne durch Bindungselektronen direkt miteinander verknüpft sind und besitzen demnach besondere strukturanalytische Bedeutung.

Die derzeitige theoretische Basis zu Berechnung der Wechselwirkung könnte kurz in einem Satz zusammengefaßt werden: die Kopplungskonstanten nehmen mit dem s-Charakter der Elektronen, die den wesentlichen Beitrag zur Bindung zwischen den Kernen liefern, zu. Diese Kurzfassung ausgedehnter Berechnungen [16, 17] genügt immerhin, um die meisten Kopplungen an Metall-Komplexen plausibel zu deuten. Obwohl sich die wesentliche Zahl der bisher bekanntgewordenen Ergebnisse auf $^1H-^1H$-Wechselwirkungen bezieht, sind die verschiedenen $^1H-^1H$-Kopplungen nur einleitend erwähnt, während den in letzter Zeit intensiver bearbeiteten und interessanteren Heterokern-Kopplungen mehr Platz eingeräumt wird.

### 4.1.2.1. $^1H-^1H$-Kopplungen

Nachdem Protonen über das Zentralmetall nur schwach koppeln (nur Linienverbreiterungen in Komplexen des Typs $Rh[P(C_6H_5)_3]_2 ClH_2$ wurden beobachtet) [182], wären an dieser Stelle die indirekten Kern-Kern-Wechselwirkungen innerhalb der Liganden und vor allem ihre Veränderungen durch koordinative Bindungen zu diskutieren.

Die in metallorganischen Komplexen zwischen Ligandenprotonen auftretenden Kopplungen bieten vom theoretischen Standpunkt aus, gegenüber den $^1H-^1H$-Kopplungskonstanten in rein organischen Verbindungen [17, 183], wenig neue Gesichtspunkte. Neben den $\sigma$-Bindungen und dem s-Charakter der daran beteiligten Elektronen (Fermi-Kontakt-Wechselwirkung) scheinen zusätzliche $\pi$-Bindungen zur Kern−Kern-Kopplung beizutragen. Durch die koordinative Bindung organischer $\pi$-Systeme an Metalle resultieren im allgemeinen folgende Veränderungen der $^1H-^1H$-Kopplungskonstanten gegenüber dem freien Liganden:

1. Sowohl cis- als auch trans-$^1H-C=C-^1H$-Kopplungen über das $\pi$-System nehmen stark ab, im allgemeinen auch vic-Kopplungen in konjugierten Systemen.

2. die geminalen $^1H-^1H$-Konstanten von $sp^2$-hybridisierten Kohlenstoffatomen steigen an. Das gleiche gilt für Amin- oder Phosphin-Protonen, falls das Stickstoff- oder Phosphoratom als Komplexligand fungiert.

3. In konjugierten organischen Liganden können $^4J(H-H)$-Kopplungen u. U. anwachsen, falls der $\pi$-Bindungsanteil zwischen den sie verbindenden Kohlenstoffatomen insgesamt erhöht wird.

Die Verringerung der cis- und trans-$^1H-^1H$-Kopplungskonstanten in koordinierten Olefinen beträgt zwischen 2 und 6 Hz. Es soll wenigstens eine Deutung versucht werden. Bei der koordinativen Bindung der $\pi$-Elektronen verringert sich einmal der s-Charakter der an der Bindung beteiligten Elektronen (im freien Liganden als $sp^2$-Hybrid vorliegende Bahnfunktionen verringern ihren s-Anteil in Richtung auf das Extrem einer von $sp^3$-Hybridfunktionen gebildeten $\sigma$-Bindung zwischen den Kohlenstoffatomen im Komplex), zum anderen fällt ein zusätzlicher Beitrag zur Kopplung durch $\pi$-Elektronen im Komplex praktisch aus.

Ist auch im Komplex eine Unterscheidung zwischen cis- und trans-ständigen Protonen sinnvoll, so ist die Abnahme sowohl für cis- als auch trans-Kopplung meistens sehr deutlich. In substituierten Äthylen-Komplexen des Typs [(RCH = $CH_2$)PtCl$_3$]K verringern sich z. B. die cis-Kopplungskonstanten von etwa 11,5 Hz auf 8,5 Hz, die trans-Kopplungskonstanten von 18 auf 13 Hz [149, 150]. Die vic-Konstanten in komplexgebundenen, substituierten 1,3,-Butadienen z. B. betragen nur noch 4 − 5 Hz gegenüber einem Wert von etwa 10 Hz im freien Liganden, was ebenfalls einer Verringerung des π-Bindungsanteils bei der Koordination zuzuschreiben ist. Eine ähnliche drastische Verrringerung der Kopplungen über π-Systeme in konjugierten Oligoolefinen ist von vielen anderen Fällen her bekannt, wie ein Vergleich der Daten des freien Liganden [7, 183] mit denjenigen im Komplex [3, 148, 154, 184, 185] lehrt.

Die vic-Kopplungskonstanten über koordinierte C=C-Bindungen stellen somit ein sehr empfindliches Kriterium für das Ausmaß des π-Elektronenabzugs durch die Koordination dar. Sie vermögen weiterhin eine interessante Frage in der Komplexchemie zu beantworten, nämlich ob Oligoolefine als konjugierte Olefine oder als aromatische Liganden gebunden werden. Liegt das Oligoolefin im Komplex nämlich als aromatisches System vor, so sollten alle vicinalen Kopplungskonstanten identisch sein, während bei einer Koordination isolierter C=C-Einheiten stark alternierende vic-Kopplungen auftreten müssen. So unterscheiden sich z. B. die vic-Kopplungskonstanten im Komplex Cycloheptatrien-molybdäntricarbonyl deutlich um einige Hertz und belegen damit die Oligoolefinanordnung des Liganden [13]. Im Butadien-eisen-tricarbonyl fällt die Variation der vic-Kopplungen mit $J_{1,2} = J_{4,3} = 6{,}9$ und $J_{2,3} = 4{,}5$ Hz ebenfalls deutlich aus [113]. Im Komplex des 1,6-Methano-cyclodecapentaen-chrom-tricarbonyls dagegen sind die Unterschiede geringer [13]. Von den drei in Abb. 13 schematisch dargestellten Strukturen [13] sind (13b) und (13c) auszuschließen, da die vic-Kopplungen im Komplex praktisch gleich sind. Die um etwa 2 Hz kleineren vic-Kopplungen im koordinierten Teil des Aromaten sind mit Regel (1) zu erklären.

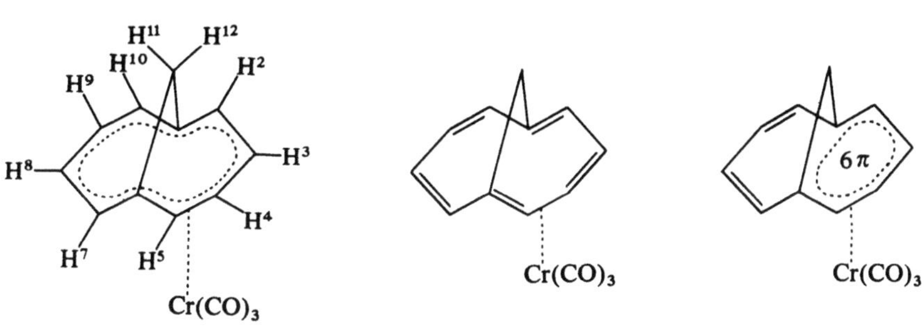

Abb. 13. Die elektronischen Strukturen des 1,6-Methano-cyclodecapentaen-chrom-tricarbonyls [13]

In Komplexen mit kleineren, π-gebundenen cyclischen Olefinen ist die Variation der vic-Kopplungskonstanten des freien Liganden mit der Ringgröße zu berücksichtigen [*113*]. Anstelle der üblichen 9 – 10 Hz in cyclischen Oligoolefinen werden nur 2,7 Hz in Cyclobuten und gar nur 0,5 – 1,5 Hz in 3,3-Dimethylcyclopropan gemessen. Im Cyclopropan soll sie bereits negativ sein.

## 4.1.2.2. $^1$H – $^2$D-Kopplungskonstanten

Prinzipiell sind in NMR-Spektren Kopplungen nur zwischen magnetisch inäquivalenten Kernen meßbar. $^1$H – $^1$H-Kopplungskonstanten zwischen den magnetisch äquivalenten Protonen, z. B. im $H_2$-Molekül, lassen sich jedoch aus Deuterium-substituierten Derivaten ermitteln. $^2$D besitzt gegenüber dem Proton ein wesentlich kleineres magnetisches Moment und eine Kernspinquantenzahl von I = 1, so daß kleinere Kopplungen und breitere Linien auftreten.

Der Kunstgriff der Deuteriumsubstitution wird häufig angewandt, um Kopplungen auch zwischen geminalen Protonen von Methylen- oder Methylgruppen aufzulösen, deren Größe die $\sigma$- bzw. $\pi$-donierenden bzw. akzeptierenden Eigenschaften der an Methyl- bzw. Methylenkohlenstoff gebundenen Substituenten wiedergeben.

Daß die geminalen Kopplungskonstanten mit steigender Elektronegativität der restlichen Substituenten immer positiver werden, ist durch viele Beispiele belegt und kürzlich an teilweise deuterierten organischen Verbindungen von Elementen der IV. Hauptgruppe, wie etwa $SnHD(CH_3)_2$ oder $GeHD(CH_3)_2$, bestätigt worden [*186*]. Es ließ sich außerdem zeigen [*187*], daß die negativen gem-Kopplungskonstanten bei einem Elektronenabzug aus der symmetrischen, bindenden $\sigma$-Bahnfunktion (Abb. 14) in ihrem algebraischen Wert anwachsen,

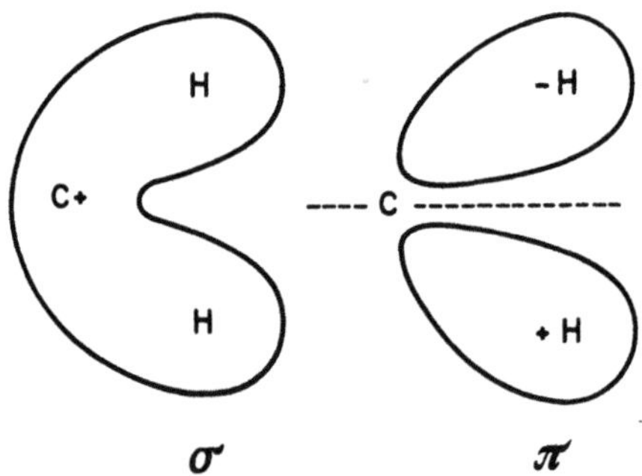


Abb. 14. Die bindende $\sigma$- bzw. $\pi$-Funktion im $CH_2$-Gerüst

beim Elektronenabzug aus der bindenden $\pi$-Bahnfunktion jedoch abnehmen, d. h. größere negative Werte annehmen. Die geminalen Kopplungen in $\sigma$-gebundenen Alkylresten in Metall-Komplexen könnten somit nähere Einzelheiten über $\sigma$- bzw. $\pi$-Effekte des Zentralmetallatoms vermitteln.

Erst kürzlich wurden wieder einige $^2J(^2D – ^1H)$-Konstanten in deuterierten Übergangsmetall-Komplexen mit $\sigma$-gebundenen Alkylresten, wie z. B. in ($\pi$-$C_5H_5$)

$Mo(CO)_3CH_2D$ oder $(\pi\text{-}C_5H_5)Fe(CO)_2CH_2D$ [*188*] gemessen. Wie $^{13}C$-Doppelresonanzuntersuchungen bestätigen, sind die gem-$^2J(^1H-{}^2D)$-Konstanten auch in Komplexen negativ. Die Werte um 10 Hz beweisen zwar eine algebraische Zunahme, jedoch ist das Ergebnis zweideutig, da größere $^2J(^1H-{}^2D)$-Werte sowohl bei Elektronenabzug aus der $\sigma$-Bahnfunktion als auch bei einer Elektronenaufnahme in die bindende $\pi$-Bahnfunktion, also entsprechend einer Metall-Ligand-Rückbindung, zustande kommen können.

Nachdem aus den chemischen Verschiebungen der Protonen eher eine donierende Wirkung der Zentralmetall-Ionen, zumindest in den niederen Oxydationsstufen hervorgeht, ist anzunehmen, daß ein stark Elektronen-donierender Effekt des Zentralmetalls in die bindende $CH_2$-$\pi$-Bahnfunktion die beobachtete deutliche Zunahme der $^2J(^2D-{}^1H)$-Kopplungskonstanten verursacht. Für die Rückbindung in die $\pi$-$CH_2$-Funktion läßt sich ein weiteres unabhängiges Argument angeben.

In Komplexen mit einem Phenylenring zwischen Zentralmetall und Methylgruppe, etwa wie im $p\text{-}[(\pi\text{-}C_5H_5)Ni(C_6H_5)_3P]C_6H_4CH_2D$ besitzt das $p$-Derivat mit $-11,9$ Hz eine größere gem-$^2J(H-D)$ als das $m$-Derivat mit $-12,2$ Hz, übereinstimmend mit einer geringeren $\pi$-Rückbindung in die $m$-Position. Es wird aber ein weiterer Mechanismus nicht ausgeschlossen. In Metall-Komplexen könnten die weitausladenden Metall-d-Bahnfunktionen direkt mit Wasserstoffbahnfunktionen der Methylprotonen überlappen und damit sowohl Verschiebungen als auch Kopplungskonstanten beeinflussen. Anscheinend tragen beide Mechanismen zu den gemessenen Effekten bei.

### 4.1.2.3. Kopplungen zwischen $^1H$- und Heterokernen

Zwei wesentliche Gruppen von Wechselwirkungen sind zu unterscheiden, nämlich einerseits Kopplungen innerhalb eines Liganden sowie andererseits zwischen Kernen verschiedener Liganden über das Zentralmetall hinweg, die alle mit der Stärke der Metall-Ligand-Bindung variieren.

Die Komplexe mit Phosphin-Liganden sind in den letzten Jahren mit ausgezeichnetem Erfolg besonders eingehend untersucht worden. Aus den häufig sehr linienreichen Spektren ergeben sich eine Reihe von Informationen über die Struktur der Verbindungen, so daß im folgenden hauptsächlich Phosphin-Komplexe als Beispiele erwähnt sind [*111*].

**4.1.2.3.1. $^1H-M-{}^{31}P$-Kopplungen in Hydrid-Komplexen.** In Hydrido-Phosphin-Komplexen hängen die $^2J(H-M-P)$-Konstanten stark von der relativen Lage des Hydrid-Liganden zum Phosphin ab. So fallen z. B. die $^2J(PMH)$-Werte bei trans-ständigem Phosphin-Liganden allgemein in einen Bereich von $80-120$ Hz, in cis-Komplexen dagegen zwischen 10 und 25 Hz [*189-191*]. Obwohl die $^2J(PMH)$-Kopplungen in ähnlichen Komplexen mit verschiedenem Zentralmetall häufig deutlich variieren, ist doch ein Unterschied zwischen cis- und trans-Komplex kaum zu übersehen. So liegen z. B. die $^2J(PMH)$-Werte der cis-Phosphito-Hydrid-kobalt-Komplexe bei etwa 12 Hz entsprechender cis-Phosphito-eisen-Komplexe bei 40 Hz [*190*], jedoch in vergleichbaren *trans*-Kobalt-Komplexen bei 130 Hz. Die Bereiche für cis- bzw. trans-Kopplungen überschneiden sich somit auch bei variierenden Zentralmetallen nicht, wenn auch in Komplexen mit den schweren

Elementen, z. B. Ruthenium oder Osmium, wie etwa im trans-$H_2Ru(PF_3)_4$ oder trans-$H_2Os(PF_3)_4$, besonders kleine Konstanten von 124 bzw. 66 Hz auftreten [192].

Aus der Gesamtzahl der gemessenen $^1$H-Linien läßt sich schließlich die Anzahl der Phosphingruppen des Moleküls ermitteln. Auf diesem Weg konnte etwa die trigonal pyramidale Struktur des $HN_2Co[(P(C_6H_5)_3]_3$ aufgeklärt werden, für das ein $1:3:3:1$-Quartett des hydridischen Protons die Wechselwirkung mit drei gleichwertigen $^{31}$P-Kernen mit I = 1/2 anzeigt [128]. Ein $1:3:3:1$-Quartett tritt auch für die 6 hydridischen Protonen im Hexa-hydrido-tris(dimethyl-phenyl-phosphin)wolfram [143] auf und beweist die magnetische Gleichwertigkeit der drei Phosphingruppen.

Die Kopplung von Protonen an *vier* gleichwertige Phosphorkerne läßt sich für das $HRh(PF_3)_4$ nachweisen [192], dessen $^1$H-Spektrum in Abb. 15 dargestellt ist. Neben den erwähnten $^2$J(PMH)-Kopplungen von 57,4 Hz sorgen die 12 magnetisch äquivalenten $^{19}$F-Kerne ($^3$J(FPMH) = 16,6 Hz) und schließlich auch das magnetisch aktive Rhodiumisotop $^{103}$Rh mit I = 1/2 ($^1$J (MH) = 5,8 Hz) für weitere Aufspaltungen, so daß ein relativ linienreiches Spektrum entsteht.

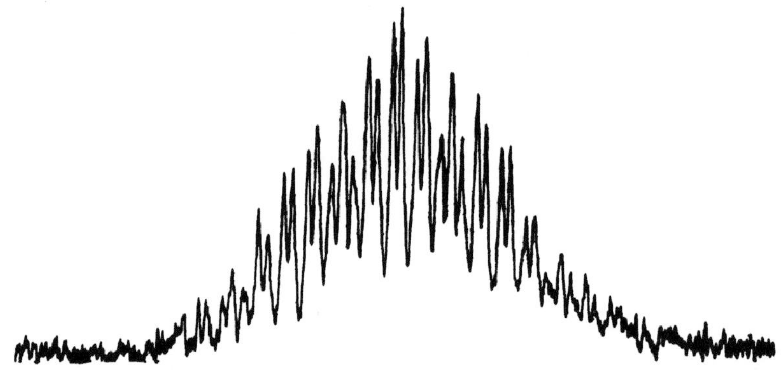

Abb. 15. $^1$H-Spektrum des Komplexes $HRh(PF_3)_4$

**4.1.2.3.2. $^{31}$P — C — $^1$H- und $^{31}$P — M — C—$^1$H-Kopplungen.** Die $^{31}$P — C — $^1$H-Kopplungen innerhalb eines Phosphin-Liganden bzw. zwischen verschiedenen Liganden über das Zentralmetall reagieren ebenso empfindlich auf alle sterischen Einflüsse. Für die Messungen eignen sich besonders Komplexe des Liganden Dimethyl-phenyl-Phosphin, mit einem leicht zuzuordnenden intensiven Methyl-gruppensignal, das im freien Liganden durch die $^{31}$P — C — $^1$H-Kopplung in ein $1:1$-Dublett mit $J = 1,7$ Hz aufgespalten ist [193].

Analytisch verwendbar ist die Vergrößerung dieser $^{31}$P — C — $^1$H-Konstanten bei der Erhöhung der Koordinationszahl des Phosphoratoms von 3 auf 4. Sie steigt z. B. im $(CH_3)_2(C_6H_5)P$ von 1,7 Hz auf 13,0 Hz im $(CH_3)_2(C_6H_5)PO$ an. Dieser Effekt kann mit einer Zunahme des s-Charakters der Phosphor-Methyl-Bindung erklärt werden [194].

Die Koordination von Alkyl-Phosphinen an Metall-Ionen verursacht zwar ebenfalls größere $^2J(^{31}P-C-{}^1H)$-Werte, jedoch sind die Unterschiede im allgemeinen kleiner. Die geringere Elektronegativität des Zentralmetall-Ions sowie seine Fähigkeit zur Rückbindung mit dem Liganden dürften dafür verantwortlich sein. Immerhin liegen z. B. in Platin(II)-Phosphin-Komplexen die Kopplungen zwischen 7 und 13 Hz [193].

Selbst die über drei Bindungen reichenden $^{31}P-Si-C-{}^1H$-Kopplungen in verschiedenen Tris(organometall)-phosphin-Verbindungen, wie etwa Tris(trimethylsilyl)phosphin-pentacarbonyl-chrom(O)-, tricarbonylnickel(O)- bzw. dicarbonylnitrosylkobalt-Komplexe, $[(CH_3)_3Si)_3PCr(CO)_5]$, nehmen bei der Koordination des Liganden um einige Hertz zu [195].

Der bisher diskutierte Spektrentyp mit einem $CH_3$-Dublett ist nur in Monophosphin-Komplexen und in cis-Bis(phosphin)-Verbindungen zu erhalten [193], denn für die cis-Isomeren ist $^4J(^{31}P-M-P-C-{}^1H)$ vernachlässigbar und $^{31}P-M-{}^{31}P$ relativ klein. Im trans-Isomeren dagegen muß $^4J(P-M-P-C-H)$ („trans-Effekt") berücksichtigt werden. Anstelle eines 1:1-Dubletts tritt ein 1:2:1-Triplett für die Methylprotonen auf [196]. Diese charakteristische Aufspaltung wird häufig auch als „virtuelle" Kopplung bezeichnet [197].

Wegen der besonders starken Kopplung zwischen den beiden trans-Phosphorkernen „verspüren" die Protonen der Methylgruppen die magnetisch inäquivalenten Phosphorkerne nicht als zwei unabhängige Nachbarn, sondern als stark gekoppelte, identische Spins. Es resultieren für ein $A_2X_3$-System typische Spektren. Nach einer allgemeinen mathematischen Behandlung der von einem $X_nAA'X_n'$-System möglichen Linienmuster [198] handelt es sich hier um einen Sonderfall eines solchen Systems, nämlich wenn $J(A-A')$ wesentlich größere Werte annimmt, als die Differenz $J(A-X)-J(A'-X)$ ausmacht. Für die trans-Bis(phosphin)-Komplexe scheint diese Bedingung erfüllt zu sein. $|^2J(^{31}PM^{31}P)|$ ist immer wesentlich größer als $|^2J(^{31}PC^1H)-{}^4J(^{31}PMPC^1H)|$. Der Abstand zwischen den $^1H$-Feinstrukturlinien beträgt $J(PCH)/2$. In den cis-Phosphin-Komplexen dagegen sind $|^2J(P-M-P)|$ und $|^4J(P-M-P-C-H)|$ wesentlich kleiner als im trans-Isomeren, während der Wert von $J(^{31}P-C-{}^1H)$ praktisch gleich bleibt. Die Bedingung für eine „virtuelle" Kopplung ist somit nicht mehr erfüllt. Charakteristisches Merkmal der cis-Isomeren ist demnach ein 1:1-Dublett als $CH_3$-Signal.

Da $|^2J(P-M-P)|$ auch vom Winkel, den die Metall-Phosphor-Bindungen einschließen, abhängt, sind zwischen den Extremfällen eines Dublett- bzw. Triplett-Spektrums auch verschiedene Zwischenstufen denkbar, wenn der $P-M-P$-Bindungswinkel zwischen 90° und 180° variiert. So wird verständlich, daß im allgemeinen recht komplizierte $^1H$-Spektren von Phosphin-Komplexen erscheinen, deren Analyse dann nur durch einen Vergleich mit theoretisch berechneten Spektren gelingt [107]. Einige wenige strukturanalytisch wichtige Beispiele aus der jüngeren Literatur seien stellvertretend für viele Arbeiten genannt.

Der Einfluß der sterischen Hinderung zwischen den Phosphinliganden auf die Stabilität der cis- bzw. trans-Isomeren ließ sich an Pt(II)- bzw. Pd(II)-Komplexen verfolgen. Nach $^1H$-Spektren weisen sich z. B. die Komplexe $PtCl_2[P(CH_3)_2(C_6H_5)]_2$ und $PtBr_2[P(CH_3)_2(C_6H_5)]_2$ als cis-Isomere, die entsprechenden Verbindungen des niederen Homologen Palladium als trans-Komplexe aus, während trans- und cis-$\{PdCl_2[(CH_3)_3P]_2\}$ in Lösung in einem Gleichgewicht vorliegen. Ein Triplett sowie ein Dublett für die $CH_3$-Protonen ist auszumachen [200].

Beim Austausch von Phosphino- gegen Phosphitogruppen treten markante Veränderungen der $^1$H-Spektren ein. In trans-Phosphito-Komplexen z. B. ist anstelle des erwarteten 1:2:1-Tripletts ein 1:1:1:1-Quartett zu beobachten, etwa im trans-$\{PdJ_2[(C_6H_5)(CH_3)_2P][(C_6H_5O)_3P]\}$ mit $^2J(P-C-H) = 10{,}2$ Hz, $^4J(PMPCH) = 4{,}5$ Hz und $^2J(P-M-P') = 829$ Hz. Die für „Triplett"-Spektren notwendigen Bedingungen sind somit nicht erfüllt [199]. Die starke Zunahme der über eine $M-P$-Bindung wirkenden Kopplungskonstanten in den Phosphito-Komplexen verglichen mit Phosphin-Derivaten ist allgemein zu beobachten [111]. Vermutlich verursacht die erhöhte 3s-Elektronendichte am Phosphorkern in den Phosphito-Komplexen die stärkere Kopplung.

In sechsfach koordinierten tris-Phosphin-Komplexen z. B. des Iridiums(III) läßt sich an Hand der $^1$H-Spektren zwischen einer mer- bzw. einer fac-Konfiguration unterscheiden (Abb. 16) [189], und zwar auf Grund folgender Argumente.

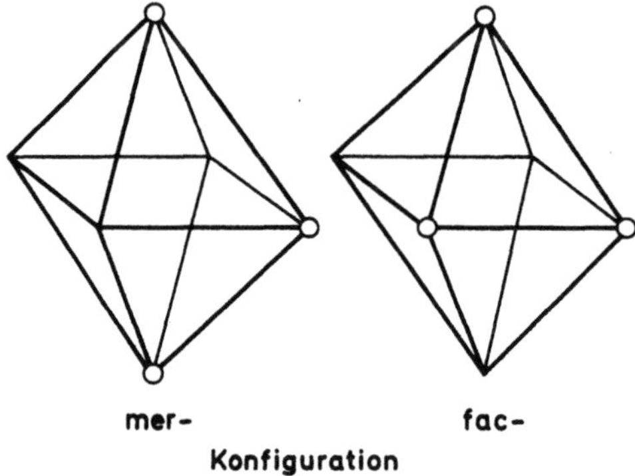



Abb. 16. Schematische Darstellung einer fac- bzw. mer-Konfiguration eines sechsfach koordinierten Komplexes

In der mer-Konfiguration stehen zwei der drei Phosphin-Liganden in gegenseitiger trans-Stellung mit jeweils einem cis-Phosphin-Nachbarn [189], während die dritte Phosphingruppe im Trihydrido-Komplex etwa in trans-Stellung einen Hydridliganden, jedoch zwei cis-ständige Phosphin-Nachbarn besitzt. Die $^1$H-Signale der $CH_3$-Protonen des mer-$\{IrH_3[(CH_3)_2C_6H_5P]_3\}$ sollten demnach aus zwei Signalgruppen der relativen Intensität 2 bzw. 1 bestehen, wobei die erstere als Triplett, die letztere als Dublett (nur cis-ständige Phosphinliganden) ausgebildet ist.

In der fac-Anordnung dagegen fehlen trans-ständige Phosphingruppen. Die $^1$H-Spektren der $CH_3$-Gruppen sind durch zwei als Dubletts ausgebildete Signalgruppen mit einem Intensitätsverhältnis von 2:1 für die beiden magnetisch inäquivalenten Gruppen von Phosphorkernen charakterisiert.

Ausgenommen vom oktaedrischen $IrH_3[P(CH_3)_2(C_6H_5)]_3$ liegen nach den $^1$H-Spektren alle Triphosphin-Iridium(III)-Komplexe in einer mer-Anordnung vor [189]. Ähnliche Ergebnisse wurden kürzlich an sechs- bzw. vierfach koordinierten Komplexen des Rutheniums(II) [201] und Nickels(II) [202] bekannt.

### 4.1.2.3.3. $^1$H-Kopplungen mit dem Zentralmetallkern.

In den Ligandenspektren von Komplexen mit magnetisch aktiven Zentralmetallkernen sind häufig auch starke Kopplungen zwischen Ligandenprotonen und dem magnetisch aktiven Zentralmetall nachweisbar. Sie nehmen für die Kopplung zwischen direkt gebundenen Hydridprotonen und dem Kern Werte von nur wenigen Hertz, wie im $HRh(PF_3)_4$ mit $J(^{103}Rh - {}^1H) = 5,8$ Hz [192] oder im $[HRh(CN)_5]^{3-}(J(^{103}Rh - {}^1H) = 13,1$ Hz [203] bis weit über 1000 Hz etwa im trans$[Pt[P(C_2H_5)_3]_2HJ]$ mit 1369 Hz an. Die Unterschiede kommen durch den variierenden $\sigma$-Charakter der $M-H$-Bindung sowie durch die verschiedene s-Elektronendichte an den Kernorten zustande. Eine ausführliche Diskussion der möglichen Kopplungsmechanismen liegt vor [125]. Da die effektive Kernladungszahl mit steigendem Atomgewicht wächst, sind für die schwereren Zentralmetalle die größeren $^1J(M - {}^1H)$-Kopplungen zu erwarten, z. B. in Komplexen des Wolframs größere als in Rhodium-Komplexen. Damit würden zwar einige Ergebnisse übereinstimmen, z. B. im Hexahydrido-tris(dimethylphenyl-phosphin)-wolfram eine $J(^{183}W - {}^1H)$;Kopplung von 27.8 Hz [128] gegenüber den genannten $J(Rh-H)$-Werten, doch lassen sich allgemein gültige Zusammenhänge nicht angeben. Dazu steht einer großen Zahl von Variablen, wie Ligandenfeldstärke oder Koordinationszahl, eine zu kleine Anzahl von Ergebnissen gegenüber. Selbst die $^1H-C-M$-Kopplungen über ein weiteres Ligandenatom fallen häufig in Größenordnungen um $60-80$ Hz, etwa in den Platinolefin-Komplexen vom Typ des Zeiseschen Salzes [149, 204]. Auch in metallorganischen Alkylderivaten hängen die $^1H-C-Me$-Kopplungen überwiegend vom $\sigma$-Charakter der Bindungselektronen ab. Das läßt sich sowohl für $^1H-C-{}^{199}Hg$-Kopplungen in Quecksilberorganylen [205] als auch für die vergleichbaren $^1H-C-{}^{205}Tl$-Kopplungen [206] zeigen.

## 4.1.2.4. Kopplungen zwischen Heterokernen

### 4.1.2.4.1. $^{19}$F-Kopplungen.

Nachdem eine Vielzahl von Untersuchungen bestätigte, daß die $^{31}P-{}^1H$-Kopplungen in Alkylphosphin-Komplexen analytische Arbeiten an dieser Komplexklasse wesentlich erleichtern, war man bestrebt, für die $PF_3$-Komplexe ähnliche Zusammenhänge aufzufinden. Nach einer ausführlichen Aufstellung experimenteller Daten variieren die $^{31}P-{}^{19}F$-Kopplungskonstanten zwischen den direkt gebundenen Atomen allgemein zwischen 500 und 1500 Hz [207] mit negativem Vorzeichen [208]. Und zwar sind die $^1J(PF)$-Werte umso kleiner, d. h. besitzen die größeren negativen Werte, je mehr elektronegative Gruppen am Phosphoratom gebunden sind. Nach einer ausführlichen vergleichenden Analyse der $^{31}P$- und $^{19}F$-Spektren verschiedener Fluorophosphin-Komplexe, etwa des Typs cis-$\{(PF_3)_2Mo(CO)_4\}$ [209], treten sogar recht erhebliche Unterschiede auf. So nehmen z. B. die Absolutwerte der $^1J(P-F)$-Konstanten beim systematischen Ersatz der Fluoratome gegen weniger elektronegative Gruppen, wie etwa $CF_3$ von 1305 Hz für cis-$[(PF_3)_2Mo(CO)_4]$ auf 976 Hz für cis-$[(CF_3)_2PF)_2Mo(CO)_4$ ab. Da die Konstanten — wie erwähnt — aller Wahrscheinlichkeit nach negatives Vorzeichen haben, würde die verringerte Elektronegativität der Substituenten eine algebraische Vergrößerung der Kopplungskonstanten hervorrufen.

Neben den $^{31}P-^{19}F$-Kopplungen scheinen nach den derzeit vorliegenden Ergebnissen alle Kopplungskonstanten zwischen Hauptgruppenelementen und direkt gebundenen $^{19}F$-Kernen negatives Vorzeichen zu besitzen. Dazu zählen nicht nur die Kopplungen zu leichteren Elementen, wie z. B. $^{31}P-^{19}F$, $^{13}C-^{19}F$ oder $^{29}Si-^{19}F$, sondern auch $^{119}Sn-^{19}F$, $^{121}Sb-^{19}F$ und $^{125}Te-^{19}F$, die in Komplexen des Typs $TeF_5X$ neben typischen $^{19}F-^{19}F$-Kopplungen erscheinen [210]. Die Kopplungskonstanten kehren ihr Vorzeichen im allgemeinen um, wenn anstelle des elektronegativen Fluors elektropositivere Elemente, wie z. B. Wasserstoff, treten [208, 211, 212]. Bereits unter den sog. „long-range"-Kopplungen einzuordnen ist eine $^5J(^{31}P-^{19}F)$-Wechselwirkung im Komplex $[(C_6H_5)_3P]_3\,Pt(CNCF_3)_2$ [213]. Die Kopplung, die zu 6,7 Hz gemessen wird, reicht immerhin über 5 Bindungen, wobei zwei Metall-Ligand-Bindungen eingeschlossen sind.

### 4.1.2.4.2. $^{31}P-^{31}P$-Kopplungen.
Viel diskutiert werden gerade in neuerer Zeit $^{31}P-M-^{31}P$-Kopplungen in Bis(phosphin)-Komplexen, die offensichtlich in weitem Rahmen variieren [111], ohne daß sich bisher eine eindeutige Gesetzmäßigkeit erkennen ließe.

Zu erwarten sind Unterschiede zwischen cis- bzw. trans-ständigen Phosphoratomen. Besonders auffällig sind sie in den Komplexen trans-$\{PdJ_2[(CH_3)_3P-(C_2H_5)_3P]\}$ mit $^2J(P-M-P)$ von 565 Hz und dem sehr ähnlichen cis-$\{PdCl_2-[P(CH_3)_3]_2\}$ mit einer P-M-P-Konstanten von nur 8 Hz [200]. Abgesehen von wenigen Ausnahmen [214], fallen die trans-Kopplungen wesentlich größer aus als die cis-Werte.

Außerdem hängt der Wert der Kopplungskonstanten von der Elektronegativität der weiteren am Phosphor gebundenen Liganden, sowie von anderen Einflüssen, wie etwa Lösungsmitteleffekten, ab, so daß auch innerhalb der Reihen von cis- bzw. trans-Isomeren erhebliche Unterschiede vorkommen.

Das beginnt z. B. mit der Lösungsmittelabhängigkeit für den Komplex cis-$(PH_3)_2Mo(CO)_4$, dessen $^2J(^{31}P\,Me\,^{31}P')$-Kopplung mit 18,9 Hz [107] in Deuterobenzol bzw. mit 20,3 Hz in Aceton und 28,4 Hz in Benzol angegeben wurde [215]. Wenig verständlich ist die uneinheitliche Variation der Kopplungen in Komplexen mit verschiedenen Zentralmetallen. Die $^2J(^{31}P-Me-^{31}P')$-Werte in der Reihe der homologen Komplexe des Chroms(O), Molybdäns(O) und schließlich Wolframs(O) fallen z. B. rasch ab, und zwar von 26,2 auf 13,4 Hz [107]. Dagegen zeigen die Konstanten $^2J(^{31}P-Me-^{31}P')$ in verschiedenen trans-Bis(organophosphin)-tetracarbonyl-Komplexen von Cr, Mo und W genau das entgegengesetzte Verhalten [106]. Sie nehmen vom Chrom- zum Wolfram-Komplex deutlich zu, etwa von 25 Hz für das trans-$\{[(C_6H_5)_3P][(C_4H_9)_3P]Cr(CO)_4\}$ bis zu 65 Hz im entsprechenden Wolfram(O)-Komplex.

Dagegen läßt sich die starke Zunahme der $^{31}P-M-^{31}P$-Kopplungen beim Austausch von Phosphin-Gruppen gegen Phosphitgruppen plausibel deuten. Nach einer theoretischen Behandlung sollten die $^2J(P-M-P')$-Werte mit steigender $\pi$-Akzeptorstärke des Liganden anwachsen [214]. Besonders starke $\pi$-Akzeptoreigenschaften haben im Gegensatz zu den Phosphin- oder Organophosphinen die Fluorophosphine. In dieser Komplexklasse fallen die Änderungen besonders ins Gewicht, wenn ein Fluoroatom gegen eine elektropositivere Gruppe ausgetauscht wird. Z. B. liegen die $^{31}P-M-^{31}P$-Kopplungen in den

Komplexen des Typs cis-$\{(PX_2F)_2Mo(CO)_4\}$ im Bereich von 38,0 bis 55 Hz, je nach der Elektronegativität von X. Der größte Wert von 55 Hz resultiert, wenn X für F steht, der kleinste, wenn $CF_3$ als X-Substituent fungiert [209].

## 4.1.2.5. Kopplungen zwischen dem Zentralmetall und Heterokernen des Liganden

Soweit bisher bekannt, liefert die Fermi-Kontakt-Wechselwirkung auch für die schwereren Elemente den maßgebenden Beitrag zur Kopplung, so daß für die Größe der Konstanten der Grad des s-Charakters der Metall-Ligand-Bindung und die s-Elektronendichte an den Kernorten ausschlaggebend ist. Tatsächlich zeigen z. B. die $^{199}Hg-^{31}P$-Kopplungen in Quecksilber(II)-Komplexen mit verschiedenen tertiären Phosphinen [216] einen deutlichen Gang, und zwar nehmen sie mit steigendem basischen Charakter des Phosphins zu. Die Ergebnisse sind insofern besonders bemerkenswert, da in diesen Komplexen keine Möglichkeit zur Betätigung zusätzlicher Metall-Ligand-$\pi$-Bindungen besteht.

In Phosphin-Komplexen mit $\pi$-Rückbindung, z. B. des Wolframs vom Typ $LW(CO)_5$ und des Platins vom Typ $L_2PtCl_2$ mit $^{31}P-^{195}Pt$-Kopplungen [100, 217, 218] im Bereich von 2500—3550 Hz bzw. $^{183}W-^{31}P$-Kopplungen zwischen 200—280 Hz, zeigt nämlich umgekehrt der Ligand mit dem stärksten basischen Charakter die kleinsten M-$^{31}P$-Kopplungskonstanten. Während der Kopplungsbeitrag aus einer $\sigma$-Bindung mit wachsendem basischen Charakter des Liganden zunimmt, verringert sich gleichzeitig für diese mehr basischen Liganden die Stärke der Metall-Ligand-$\pi$-Rückbindung, so daß der Kopplungsanteil aus der $\pi$-Rückbindung abfällt. Daß die $\pi$-Wechselwirkung in den genannten Komplexen die Stärke der $^{31}P-M$-Kopplungen weitgehend bestimmt, deutet auch ein Vergleich der $^{183}W-^{31}P$-Kopplungen in Wolfram-pentacarbonyl-phosphin-Komplexen mit der Wellenlänge der intensivsten $v$-CO im IR-Spektrum [219] an. Die $\pi$-Rückbindung vergrößert offensichtlich wegen der Verringerung von $\Delta E$ in (8) die Kopplung, jedoch ist die nach dieser Gleichung erwartete Abhängigkeit der Kopplungskonstanten von der Energiedifferenz zwischen Grundzustand und dem tiefsten angeregten Zustand in Übergangsmetall-Komplexen nicht immer eindeutig zu interpretieren [111].

Nach neueren Messungen an verschiedenen Platin-Phosphin- bzw. Dimethylselen-Komplexen [220] ist z. B. die reduzierte $^{195}Pt-^{77}Se$-Konstante $K_{AB}$ deutlich kleiner als $^1J(^{195}Pt-^{31}P)$. Für das cis-$[(CH_3)_2Se]_2PtCl_2$ beträgt $K(Pt-Se)$ $159 \cdot 10^{-20} cm^{-3}$, für das trans-Isomere $745 \cdot 10^{-20} cm^{-3}$, während in den entsprechenden Phosphin-Komplexen $K(Pt-P)$ zu $3400 \cdot 10^{-20} cm^{-3}$ bzw. $2300 \cdot 10^{-20} cm^{-3}$ im cis- und trans-Derivat gefunden wird. Beide Konstanten sind positiv. Dieses Ergebnis scheint dem nach (8) erwarteten Gang zu widersprechen, denn die Anregungsenergie zum nächsthöheren elektronischen Zustand dürfte für Selenverbindungen mit einem Element der 3. Periode geringer sein als für Verbindungen mit dem in der 2. Periode stehenden Phosphor. Stärkere $^{77}Se-^{195}Pt$-Kopplungen und schwächere $^{31}P-^{195}Pt$-Kopplungen wären somit zu erwarten. Auch die Unterschiede für den cis- bzw. trans-Komplex sind in den Selenderivaten weniger stark ausgeprägt. Das unerwartete Verhältnis

$K(Pt-Se):K(Pt-P)$ könnte durch eine unterschiedliche $d_\pi - d_\pi$-Wechselwirkung verursacht sein, obwohl auch diese Deutung keineswegs gesichert erscheint [221].

Immer mehr in den Vordergrund treten $^{13}$C-NMR-Messungen an metallorganischen Verbindungen, z. B. an Zinn- bzw. Quecksilberorganylen [222] mit Berücksichtigung der $^{13}$C $-$ M-Kopplungen. Bei den $^{119}$Sn $-$ $^{13}$C-Kopplungen ist darauf zu achten, daß sich z. B. die Konstanten $^1$J(Sn $-$ C) bzw. die reduzierten K(Sn $-$ C) im Vorzeichen unterscheiden. Die angeführten Ergebnisse sind insofern unter dem Aspekt „Metall-Komplexe" zu betrachten, weil beim Hinzufügen von Wasser, Verbindungen der Form $(CH_3)_2Sn^{2+}(H_2O)$ auftreten. In anderen donierenden Lösungsmitteln bilden sich ähnliche Komplexe, wobei sich die $^{13}$C $-$ $^{119}$Sn-Kopplungskonstanten stark ändern. In 45 % wäßriger Lösung beträgt J($^{13}$C $-$ $^{119}$Sn) z. B. 864 Hz, gegenüber 340 Hz in 10 % Dioxanlösung.

# 5. Der Einfluß zeitabhängiger Vorgänge auf die NMR-Spektren

## 5.1. Theoretische Grundlagen

Bisher wurde angenommen, daß die thermischen Bewegungen der Moleküle außer der Ausmittelung aller Dipol-Dipol-Wechselwirkungen keinen Einfluß auf Form und Lage der NMR-Absorptionen ausüben. In Wirklichkeit produzieren diese Bewegungen innerhalb der Probe zeitabhängige Magnetfelder am Ort benachbarter Kerne, was verschiedene Folgen haben kann.

Sind die rotierenden Moleküle oder Atomgruppen Träger eines starken magnetischen Dipols (ungepaarte Elektronenspins oder ähnliches), so verursachen die an benachbarten Kernen auftretenden starken, fluktuierenden elektromagnetischen Felder rasche Kern-Relaxation. Dieses Problem stellt sich im Zusammenhang mit NMR-Messungen an paramagnetischen Komplexen, wie später näher dargelegt werden soll (Abschn. 5.2.). Enthalten die oszillierenden Atomgruppen dagegen nur die relativ schwachen magnetischen Kerndipole, so sind zwei Extreme denkbar. Wenn die Reorientierung außerordentlich schnell verläuft, dann wird der in Frage stehende Kern weitgehend das „Gedächtnis" über vorangegangene Positionen verlieren, und zwar umso leichter, je schwächer die Wechselwirkung mit der Umgebung ist. Läuft dagegen der Reorientierungsprozeß verhältnismäßig langsam ab, so „erinnert" sich der Kern an alle durchlaufenen Stationen, d. h. die NMR-Spektren geben Auskunft über alle chemisch inäquivalenten Positionen, die ein Kern einzunehmen vermag. Im ersten Fall sind somit nur zeitlich ausgemittelte „Eindrücke" des Kerns von seiner Umgebung, im zweiten Fall Aussagen über definierte, wenn auch nur kurzzeitig stabile Zustände zu erhalten. Schnell bzw. langsam in der Zeitskala der NMR-Spektroskopie ergibt sich aus der Heisenbergschen Unschärferelation (19)

$$\Delta E \cdot \Delta t \geqslant \hbar. \tag{19}$$

$\Delta E$ gibt die Energiedifferenz zwischen verschiedenen magnetischen Zuständen des Systems an. Die Energieunterschiede $\Delta E$, die durch verschieden starke Wechselwirkungen zwischen den Kernen und dem äußeren Feld sowie zwischen den Kernen untereinander in verschiedenen Positionen zustandekommen, sind meist gering, aber über einen breiten Bereich gestreut. Bei den vorgegebenen $\Delta E$-Werten lassen sich mit der NMR rasche zeitabhängige Prozesse mit Geschwindigkeitskonstanten von 1 $[\sec^{-1}]$ bis zu $10^9$ $[\sec^{-1}]$ verfolgen. Gerade auf dem Gebiet reaktionskinetischer Untersuchungen ist die NMR praktisch konkurrenzlos, wie eine Reihe ausgezeichneter zusammenfassender Darstellungen dieses speziellen Anwendungsbereichs dokumentiert [223−226].

Zunächst werden die besonders starken Wechselwirkungen der Kerne mit ungepaarten Elektronenspins diskutiert, und zwar unter besonderer Berücksichtigung derjenigen Probleme, die in der neueren, teilweise zusammenfassenden Literatur [1, 66, 67, 224] weniger betont sind.

## 5.2. NMR an paramagnetischen Komplexen

### 5.2.1. Die wechselseitige Abhängigkeit von Kernspin- und Elektronenspin-Relaxationszeiten

Lösungen reiner paramagnetischer Komplexe zeigen nur unter ganz definierten Bedingungen NMR-Spektren, die aus zwei Gleichungen für die Kernspin-Relaxationszeiten $T_{1k}$ bzw. $T_{2k}$ der Protonen in paramagnetischen Molekülen hervorgehen (20) (21) [227−231]

$$1/T_{1k} = (2/15)\, S(S+1)\, g^2 \beta^2 \gamma_I^2 (1/r^6)[3\tau_d + 7\tau_d(1 + \omega_s^2 \tau_d^2)^{-1}] \qquad (20)$$
$$+ (2/3)\, S(S+1)(A^2/\hbar^2)\, \tau_a/(1 + \omega_s^2 \tau_a^2)$$

$$1/T_{2k} = (1/15)\, S(S+1)\, g^2 \beta^2 \gamma_I^2 (1/r^6)[7\tau_d + 13\tau_d/(1 + \omega_s^2 \tau_d^2)] \qquad (21)$$
$$+ (1/3)\, S(S+1)(A^2/\hbar^2)[\tau_a + \tau_{a}/(1 + \omega_s^2 \tau_a^2)]$$

Die Symbole $A, S, \gamma, g, \beta$ und $r$ haben die früher angegebene Bedeutung, $w_s$ bezeichnet die Larmorfrequenz der Elektronen, $\tau_d$ und $\tau_a$ die Korrelationszeit für die dipolare Wechselwirkung bzw. für eine Austauschwechselwirkung. Vorausgesetzt in (20) und (21) sind die Bedingungen $\omega_s \neq \omega_I$, d. h. die Larmorfrequenz der Elektronenspins ist wesentlich größer als diejenige der Kernspins, sowie $\omega_I \tau_d \ll 1$, nach der die Korrelationszeit für die Kern-Elektron-Dipol-Wechselwirkung klein gegenüber der Larmorperiode der Kerne sein soll.

Nach (20) und (21) variieren Kernspin-Relaxationszeiten und damit die NMR-Linienbreiten mit dem Quadrat des magnetischen Moments des paramagnetischen Komplexes in der Lösung $[g\beta\sqrt{S(S+1)}]^2$, mit dem Quadrat der Stärke der skalaren Elektronenspin-Kernspin-Kopplung, $A^2$, sowie mit den Korrelationszeiten $\tau_d$ und $\tau_a$. Beide Korrelationszeiten hängen ihrerseits von der Elektronenspin-Relaxationszeit des paramagnetischen Ions ($\tau_s$) ab, wie aus (22) und (23) hervorgeht.

$$1/\tau_d = 1/\tau_s + 1/\tau_r \qquad (22)$$
$$1/\tau_a = 1/\tau_s + 1/\tau_h \qquad (23)$$

$\tau_h$ bezeichnet eine Austauschzeit, die benötigt wird, um am paramagnetischen Ion koordinierte Atome oder Moleküle mit Atomen oder Molekülen der diamagnetischen Umgebung auszutauschen, sowie $\tau_r$ eine Korrelationszeit für die thermischen Bewegungen des paramagnetischen Komplexes in der Lösung. Die Parameter $\tau_a$ und $\tau_d$ verursachen einerseits die Temperaturabhängigkeit der $^1$H-Linienbreiten von Lösungen mit paramagnetischen Ionen und koppeln sie andererseits an die Elektronenspin-Relaxationszeit des paramagnetischen Ions.

Im allgemeinen verkürzt die Elektron-Kern-Wechselwirkung die Kernspin-Relaxationszeit $T_{2_k}$ so stark, daß von paramagnetischen Komplexen in Lösung keine Protonenspektren zu erhalten sind, denn die $^1$H-Linienbreite in Hertz ist direkt proportional zu $T_{2_k}^{-1}$. In einem bildlichen Modell ließe sich das dahingehend ausdrücken, daß die weitreichenden fluktuierenden Felder der thermisch bewegten Elektronenspins für ein breites elektromagnetisches „Störfeld" sorgen und somit eine rasche Kernrelaxation ermöglichen.

Besonderes Interesse beansprucht der Fall paramagnetischer Ionen mit außerordentlich kurzen Elektronenspin-Gitter-Relaxationszeiten $\tau_s$. Auch ohne Ligandenaustausch nimmt dann $1/\tau_a$ aus (23) einen besonders großen Wert an. Grob vereinfachend könnte man sagen, daß die Elektronenspins durch Übergänge zwischen den magnetischen Niveaus ihre Spineinstellung während einer bestimmten thermischen Bewegung des Moleküls so oft wechseln, daß die benachbarten Kerne nur noch ein ausgemitteltes Feld verspüren. Bei Elektronenspin-Relaxationszeiten des paramagnetischen Partners in der Größenordnung von $10^{-10}$ sec ist $\omega_s^2 \tau_a^2 \ll 1$, d. h. nach (20) und (21) sind $T_{1_k}$ und $T_{2_k}$ gleich groß. Da sich $T_{1_k}$ gewöhnlich in Größenordnungen von $10^{-1} - 10^{-3}$ sec bewegt, bleiben auch in Lösungen paramagnetischer Ionen die Kernresonanzabsorptionen relativ schmal. Die Linienbreite $\Delta T_{2_k}^{-1}$ liegt in der Größenordnung von 10 bis 100 Hz. Ist dagegen die Elektronenspin-Relaxationszeit $\tau_s$ länger als die Larmorperiode $1/\omega_s$, so verbreitern die NMR-Absorptionen über die experimentelle Nachweisgrenze. Nachdem die Elektronenspin-Relaxationszeit eines paramagnetischen Komplexmoleküls allein von der Anordnung und Besetzung der äußeren Elektronenbahnfunktion abhängt, ist über die Gln. (20)−(23) die $^1$H-NMR-Linienbreite durch die elektronische Struktur des paramagnetischen Komplexmoleküls bestimmt.

Ähnlich wie kurze Elektronenspin-Relaxationszeiten wirkt rascher interatomarer oder intermolekularer Austausch zwischen den Elektronenspins verschiedener Komplexmoleküle (intermolekulare Austauschzeit $\tau_i$). Auch in diesem Fall klappen, bildlich gesprochen, die Spins rasch gegenüber den thermischen Bewegungen der Moleküle um. Merkliche intermolekulare Austauschwechselwirkung ist nur bei merklicher Überlappung derjenigen Bahnfunktionen möglich, die ungepaarte Elektronenspins enthalten. Eine dichte Packung der Moleküle mit weitgehend delokalisierten Elektronen, wie etwa in kristallisierten Substanzen (Abschn. 3.1.2.) oder in konzentrierten Lösungen organischer Radikale ist dazu erforderlich. Im letzteren Fall hängt $\tau_i$ nach (24)

$$\tau_i \sim \eta/c\,T \tag{24}$$

von der Viskosität des Lösungsmittels $\eta$ und von der Temperatur T, sowie der

Konzentration c des gelösten Radikals ab [224]. Zusammenfassend läßt sich die NMR-Linienbreite $\Delta T_{2_k}^{-1}$ angenähert durch (25) ausdrücken,

$$\Delta T_{2_k}^{-1} = \tau_e \, A_n^2/8 \tag{25}$$

wenn $\tau_e$ diejenige Elektronenspin-Relaxationszeit bezeichnet, in der alle longitudinalen Beiträge, also sowohl $\tau_s$ als auch $\tau_i$, enthalten sind. Nur wenn $\tau_e$ die kleinste Zeitkonstante im untersuchten System ist, treten geringe NMR-Linienbreiten auf.

Um die Frage zu beantworten, an welchen paramagnetischen Komplexen in Lösung NMR-Messungen sinnvoll sind, ist den experimentellen Ergebnissen eine kurze Diskussion der möglichen Elektronen-Relaxationsmechanismen vorangestellt.

### 5.2.1.1. Elektronenspin-Relaxationszeiten

Die verschiedenen, zu raschen Elektronenspin-Gitter-Relaxationszeiten führenden Prozesse wurden erst kürzlich in bezug auf EPR-Linienbreiten [232] kritisch beleuchtet.

Im Prinzip vermögen alle magnetisch anisotropen Eigenschaften der Komplexe die Elektronenspins zur Relaxation anzuregen [233], u. a. die sog. Nullfeldaufspaltung, die nur in Komplexen mit mehreren ungepaarten Elektronen ($S > 1/2$) auftritt. Es erschien deshalb sinnvoll, $S = 1/2$- bzw. $S > 1/2$-Komplexe getrennt zu behandeln.

**5.2.1.1.1. Relaxation in Metall-Komplexen mit $S = 1/2$.** In Lösungen relaxieren die Elektronenspins hauptsächlich über die fluktuierenden elektromagnetischen Felder, die durch die thermischen Bewegungen der paramagnetischen Komplexmoleküle entstehen [232]. Die Komplexe mit $S = 1/2$ könnte man in drei Gruppen aufteilen [233], nämlich in

1. Komplexe, deren tiefstliegende angeregte Zustände energetisch wesentlich höher liegen als der Grundzustand, so daß die Spin-Bahn-Kopplung unbedeutend bleibt.

2. Komplexe mit starker Spin-Bahn-Kopplung und schließlich

3. Verbindungen, bei denen zwar auf Grund starker Spin-Bahn-Kopplung anisotrope magnetische Eigenschaften ($A$ und $g$) resultieren, jedoch die Spin-Bahn-Kopplung allein noch nicht zur Relaxation beiträgt.

In allen Komplexen mit starker Spin-Bahn-Kopplung findet besonders wirksame Relaxation statt, d. h. die unter 1. klassifizierten Komplexe besitzen besonders lange, die unter 2. einzuordnenden Substanzen besonders kurze Elektronenspin-Relaxationszeiten. Unter 3. sind Verbindungen zusammengefaßt, für die vorwiegend der später näher beschriebene „spin rotational"-Mechanismus für die Relaxation sorgt.

Die im Festkörper wirksamen Relaxationsmechanismen, wie der Orbach- oder der Raman-Prozeß [234, 235], die eine Modulation der Resonanzfrequenz durch die Schwingungen innerhalb des Komplexmoleküls voraussetzen, scheinen insgesamt in Lösung keine wesentliche Rolle zu spielen [236]. Größere Beiträge sind nur für die unter 2. eingeordneten Komplexe zu erwarten. Für sie berechnet sich die Elektronenspin-Relaxationszeit beim Vorliegen eines Orbach-Prozesses nach (26), beim Vorliegen eines Raman-Prozesses nach (27) [232].

$$\tau_s = 16\tau_c\,(\lambda/\delta_{on})^2\,(\varphi'\,q_o/\Delta\,r_o)^2\,[\exp(\hbar\delta_{on}/kT)-1]^{-1} \tag{26}$$

$$\tau_s = 32(\lambda/\Delta)^2\,(\varphi'\,q_o/\Delta\,r_o)^4\,\tau_c^{-1} \tag{27}$$

$\Delta$ steht für den Energieabstand zwischen Grundzustand und demjenigen energetisch tiefstliegenden angeregten Zustand, der mit dem Grundzustand durch die Spin-Bahn-Kopplung verbunden ist, $\lambda$ für die Spin-Bahn-Kopplungskonstante, $\delta_{on}$ für die Energiedifferenz zwischen Grundzustand und energetisch nächsthöherem elektronisch angeregtem Zustand und $\varphi\,q_o/r_o$ für die Amplitude des zeitabhängigen elektrischen Feldpotentials. Der Wert von $\varphi\,q_o/r_o$ wurde für Übergangsmetall-Ionen zu $2 \times 10^3\,\mathrm{cm}^{-1}$ abgeschätzt.

Nach (26) bzw. (27) sorgt einer der beiden Prozesse immer für wirksame Relaxation, wenn nahe beieinanderliegende Energieniveaus im Komplex vorkommen, ganz gleichgültig ob sie durch Spin-Bahn-Kopplung verbunden sind oder nicht. Im ersten Fall wird der Orbach-Prozeß, im zweiten Fall der Lösungs-Raman-Prozeß dominieren. Alle Komplexe mit bahnentarteten oder nahezu bahnentarteten Grundzuständen zeigen rasche Elektronenspin-Relaxation und eignen sich somit besonders für NMR-Messungen.

Daneben spielt außerdem der sog. „spin rotational"-Mechanismus eine wichtige Rolle [236]. In diesem Fall verursachen die thermischen Bewegungen der Komplexmoleküle in der Lösung eine Modulation der magnetisch anisotropen Eigenschaften, z. B. in den unter 3. aufgeführten Verbindungen.

Eine eindeutige Entscheidung, welcher Mechanismus im einzelnen die rasche Relaxation verursacht, ist nur selten möglich und für die weitere Diskussion, wie sich noch zeigen soll, auch von untergeordnetem Interesse. So besitzen z. B. Komplexe mit bahnentartetem Grundzustand meist anisotrope $g$-Faktoren. D. h. sowohl die Voraussetzung zur Relaxation über den „spin rotational"- als auch über einen Raman- oder Orbach-Prozeß wären erfüllt. Einzelheiten könnte man nur aus der Temperaturabhängigkeit der Linienbreiten erfahren. Insgesamt ist jedoch ein merkliches Bahnmoment im Grundzustand des Komplexes vorauszusetzen, was in einer zusammenfassenden Beziehung [237] zur Berechnung der Elektronenspin-Relaxationszeit $\tau_s$ zum Ausdruck kommt. Sie genügt im allgemeinen, um $^1$H-Linienbreiten wenigstens grob abzuschätzen (28)

$$\tau_s \approx \delta_{on}\cdot 10^6/\mathrm{T}^7\cdot\mathrm{H}^2\cdot\lambda^2 \tag{28}$$

Danach sind neben der Temperatur die Parameter $\lambda$ und $\delta_{on}$ ausschlaggebend, von denen wiederum die Spin-Bahn-Kopplungskonstante, $\lambda$, nur wenig variierbar ist. Sie nimmt für bestimmte Zentralmetall-Ionen definierte Werte an, die im großen und ganzen auch beim Austausch der Liganden erhalten bleiben. Innerhalb einer homologen Gruppe von Übergangsmetall-Ionen nimmt $\lambda$ im allgemeinen zu, so daß bei jeweils identischen Liganden die NMR-Linienbreiten mit steigendem Atomgewicht des Zentralmetalls abnehmen sollten. Dieser Effekt ließ sich tatsächlich an den Bis($\pi$-benzol)-Metall-Kationen der Elemente Cr, Mo und W [238, 239] nachweisen.

$\delta_{on}$, das wie in (26) die Energiedifferenz zwischen dem Grundzustand und dem nächsthöheren angeregten Zustand bezeichnet, variiert dagegen für verschiedene

Metall-Ionen ebenso wie in Komplexen mit gleichem Zentralmetall-Ion aber verschieden starken Liganden in weiten Grenzen. Sie hängt zudem von der Symmetrie der Ligandenanordnung ab. Die Brauchbarkeit von (28) soll an einigen Beispielen von $d$-Übergangsmetall-Komplexen aufgezeigt werden.

In einem $3d$-Übergangsmetall-Ion sind die fünf $3d$-Einelektronen-Bahnfunktionen entartet, solange das Ion unbeeinflußt von der Umgebung kugelsymmetrisch vorliegt. Bei der Annäherung von Liganden stoßen sich die Zentralmetall- und Liganden-Elektronen gegenseitig ab. Die Stärke dieser Wechselwirkung bestimmt die energetische Lage der $d$-Bahnfunktionen. Sie variiert u. a. mit der Richtung, von der aus die Liganden dem Zentralmetall-Ion genähert werden [10]. So erhöht sich z. B. in regulär oktaedrischen Komplexen die Energie eines Elektrons in den Bahnfunktionen $d_z{}^2$ und $d_{x^2-y^2}$ mit abnehmendem Abstand zwischen Metallion und Ligand relativ zur Energie eines Elektrons in den Bahnfunktionen $d_{xy}$, $d_{xz}$ und $d_{yz}$. Es resultiert das bekannte, in Abb. 1 schematisch angedeutete Aufspaltungsbild. Die Bezeichnung $t_{2_g}$ bzw. $e_g$ der dreifach bzw. zweifach entarteten $3d$-Metallbahnfunktionen entspricht den Transformationseigenschaften dieser Funktionen in der Punktgruppe $O_h$.

In vierfach koordinierten Komplexen mit tetraedrischer Ligandenanordnung entsteht ein inverses Aufspaltungsbild, wobei die zwei entarteten Einelektronen-Bahnfunktionen der Rasse $e$ gegenüber den drei bahnentarteten Funktionen der Rasse $t_2$ geringere Energie besitzen (Abb. 17). Die Zentralmetall-Elektronen füllen nun diese Niveaus auf. Mit einem Elektron folgt daraus für oktaedrische Komplexe ein $^2T_{2_g}$-, für tetraedrische ein $^2E$-Grundzustand.

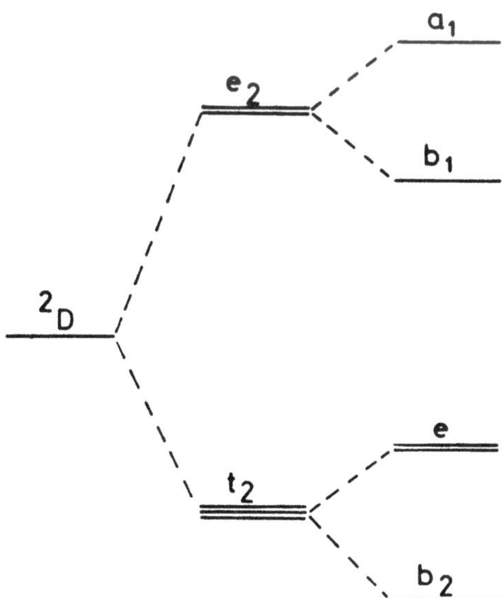


Abb. 17. Energieniveauschema in vierfach koordinierten Kupfer(II)-Komplexen mit variierender Symmetrie

Da sowohl in oktaedrischen als auch tetraedrischen $d^1$-Komplexen bahnentartete Grundzustände resultieren, wäre für $\delta_{on}$ der Wert 0 einzusetzen und somit unendlich rasche Relaxation zu erwarten. In Wirklichkeit verringern gerade die oktaedrischen $d^1$-konfigurierten Komplexe mit einem nichtmagnetischen $^2T_{2_g}$-Grundzustand, unter der Wirkung des Jahn-Teller-Effekts sowie der dann einsetzenden Spin-Bahn-Kopplung ihre Symmetrie, so daß die ursprüngliche Entartung aufgehoben wird. Damit resultiert für $\delta_{on}$ ein endlicher, wenn auch kleiner Wert, so daß nach (28) kleine $\tau_s$-Werte auftreten. Zu diesen Komplextypen zählen reguläre, sechsfach koordinierte Verbindungen des Titans(III), Vanadiums(IV) und des Chroms(V), in denen die Abstände zwischen den geringfügig aufgespaltenen Bahnfunktionen etwa $10^2 - 10^3 \, cm^{-1}$ betragen. Die genannten Ionen eignen sich demnach besonders gut für NMR-Messungen, übereinstimmend mit der Tatsache, daß EPR-Spektren von Lösungen dieser Komplexe nicht zu erhalten sind.

In oktaedrischen $d^3$-Komplexen dagegen befinden sich in den drei $t_{2g}$-Bahnfunktionen insgesamt drei ungepaarte Elektronen, von denen jedes eine Bahnfunktion besetzt. Der nächsthöhere angeregte Quartettzustand ist nur durch Anregung eines Elektrons aus einer $t_{2_g}$-Bahnfunktion in eine $e_g$-Funktion zu erreichen. $\delta_{on}$ ist demnach mit dem Kristallfeldaufspaltungsparameter, der allgemein mit 10 Dq bezeichnet wird, identisch. Der Wert von 10 Dq hängt von der Stärke der Wechselwirkung zwischen den Liganden- und den Zentralmetall-Elektronen ab. Sehr „starke" Liganden, wie etwa CO oder $CN^-$, verursachen große Aufspaltungen und damit große 10-Dq-Werte, während die schwächeren Liganden $H_2O$ und die Halogenid-Ionen weniger wirksam sind. Jedoch ist 10 Dq auch für schwächere Liganden noch so groß, um bei Elektronenspin-Relaxationszeiten von etwa $10^{-7}$ sec NMR-Messungen zu verhindern.

Während sich oktaedrische $d^3$-Komplexe somit nicht für NMR-Untersuchungen eignen, resultiert für die gleichen Ionen in einem tetraedrischen Ligandenfeld mit drei Elektronen in zwei entarteten $e$-Bahnfunktionen ein bahnentarteter $^2E$-Grundzustand und nach (28) bei sehr kleinem $\delta_{on}$ unabhängig von der „Stärke" der Liganden, extrem kurze Elektronenspin-Relaxationszeiten. Im Gegensatz zu den oktaedrischen $d^3$-Komplexen eignen sich demnach tetraedrische $d^3$-Komplexe ganz besonders gut für NMR-Untersuchungen.

Mit wenigen Ausnahmen ist der Grundzustand regulär tetraedrischer oder oktaedrischer „high-spin"-Komplexe bahnentartet. Zwar verursacht für alle Übergangsmetall-Ionen mit bahnentartetem Grundzustand der Jahn-Teller-Effekt eine geringfügige Erniedrigung der Symmetrie unter Aufhebung der Entartung, doch sind die $\delta_{on}$-Werte im allgemeinen nicht groß genug, um NMR-Aufnahmen zu verhindern. Die NMR-Linienbreiten sind jedenfalls vom Verzerrungsgrad abhängig, wie sich an pseudo-tetraedrischen bzw. oktaedrischen Komplexen belegen läßt [240] u. a. in Kupfer(II)-Komplexen. Das Kupfer(II)-Ion mit neun $3d$-Elektronen besitzt in den Punktgruppen $O_h$ und $T_d$ einen bahnentarteten Grundzustand, jedoch spalten die ursprünglich entarteten Funktionen bei der Verzerrung auf. Der Verzerrungsgrad bestimmt nun die Energiedifferenz $\delta_{on}$. Geht man von einem regulär tetraedrischen Kupfer(II)-Komplex mit einem $^2T_2$-Grundzustand aus, so verringert geringfügige Verzerrung in Richtung auf eine planare Ligandenanordnung die Energie einer $b_2$-Funktion und erhöht die Energie der nach wie vor entarteten $e$-Funktionen (Abb. 17). Die Differenz $\delta_{on}$ wächst mit zunehmender Ausrichtung der Ligandenatome in eine planare Anordnung an, so daß die von rein tetraedrischen Komplexen gemessenen NMR-Absorptionen systematisch verbreitert werden. Der Verzerrungsgrad kann für verschiedene Liganden in weiten Grenzen variieren und damit auch die Linienbreiten der NMR-Spektren.

Wegen der vielen denkbaren Varianten ließe sich die Diskussion über die Abhängigkeit der NMR-Linienbreiten von der elektronischen Struktur des Komplexes beliebig ausdehnen. Die kurze Aufzählung einiger Beispiele sollte wenigstens auf die wesentlichen Parameter aufmerksam machen.

Wie bereits unter 3. angedeutet, sind alle magnetisch anisotropen Eigenschaften in der Lage, die Elektronenspin-Relaxationszeiten zu beeinflussen. Dazu gehören neben den anisotropen $g$-Faktoren in Metall-Komplexen mit magnetisch aktiven Metallkernen ($I \neq 0$) [241, 242] möglicherweise anisotrope Hyperfeinwechselwirkungen, die jedoch in keinem bisher bekannten Fall allein NMR-Messungen ermöglichen.

**5.2.1.1.2. Metall-Komplexe mit $S > 1/2$.** Die in Abschnitt 5.2.1.1.1. behandelten Mechanismen sind natürlich auch in Komplexen mit $S > 1/2$ wirksam. Insofern liefert die Diskussion der $S > 1/2$-Komplexe prinzipiell keine neuen Gesichtspunkte.

Kurze Elektronenspin-Relaxationszeiten dürften die oktaedrischen „high-spin"-Komplexe mit 2, 4, 6 oder $7d$-Elektronen sowie die tetraedrischen „high-spin"-Komplexe mit $d^3$, $d^4$, $d^6$ und $d^8$-Konfiguration zeigen. Komplexe dieser Konfigurationen liefern aller Wahrscheinlichkeit nach recht schmale NMR-Absorptionen.

*5.2.1.1.2.1. Relaxation durch die Nullfeldaufspaltung.* Den wesentlichsten Beitrag zur Relaxation leistet jedoch in allen $S > 1/2$-Komplexen die sog. Nullfeldaufspaltung. Das Spinmultiplett des Grundzustands ist auch ohne Wirkung eines äußeren Feldes je nach Symmetrie des vorliegenden Komplexes durch die Spin-Bahn-Wechselwirkung aufgespalten. Ganz ähnlich wie für die anisotropen magnetischen Momente (ausgedrückt durch $g$-Faktoranisotropie) wirkt das zusätzlich aus der Nullfeldaufspaltung folgende anisotrope Moment auf zweierlei Weise auf die Elektronenspin-Relaxationszeiten ein. Einmal kann das von der Nullfeldaufspaltung hervorgerufene statische Magnetfeld durch Rotationen oder ähnliche Bewegungen der Moleküle in der Lösung moduliert werden („spin rotational"-Mechanismus). Zum anderen kann durch thermische Schwingungen von Atomgruppierungen im Molekül oder durch chemische Prozesse in Lösung die Größe der Aufspaltung rasch variieren, etwa beim raschen Austausch weiterer Moleküle in der zweiten Koordinationssphäre, was ebenfalls zu einer Modulation des magnetischen Moments führt.

In Lösungen von Komplexen mit $S > 1/2$ spielen sicher beide Mechanismen eine wesentliche Rolle, wobei von Fall zu Fall einer den anderen mehr oder weniger überwiegen mag. So konnte gezeigt werden, daß der erstgenannte Beitrag etwa in Chrom(III)-, der letztere dagegen in Mangan(II)-Komplexen von Bedeutung ist [232]. Ohne näher auf quantitative Zusammenhänge einzugehen, läßt sich allgemein sagen, daß die Nullfeldaufspaltungen extrem kurze Elektronenspin-Relaxationszeiten bewirken. Fast an allen Komplexen mit mehreren ungepaarten Elektronen sind deshalb NMR-Untersuchungen möglich. Die umgekehrte Folgerung, daß geringe NMR-Linienbreiten in $S > 1/2$-Komplexen immer der Wirkung einer modulierten Nullfeldaufspaltung zuzuschreiben ist, scheint nicht erlaubt. Es existieren zumindest einige Ausnahmen, wie etwa die vierfach koordinierten Komplexe des Nickels(II), mit dem Aminotroponiminato-Liganden [232]. Die extrem kleinen $^1$H-NMR-Linienbreiten dieser Komplexe [66] wurden zunächst der Wirkung der Nullfeldaufspaltung zugeschrieben [243]. Nachdem jedoch feststeht, daß die Korrelationszeiten für die Bewegungsabläufe in der Lösung wesentlich kleiner sind als die aus den $^1$H-NMR-Linienbreiten berechneten Elektronenspin-Relaxationszeiten [232], ist diese Theorie nicht aufrechtzuerhalten. Die extrem geringen $^1$H-Linienbreiten der Aminotroponiminato-Komplexe, die sogar eine Auflösung von Kern-Kern-Kopplungen gestatten, scheinen vor allem durch die Beteiligung einer diamagnetischen Form am Umlagerungsgleichgewicht zustandezukommen.

### 5.2.2. „Kontakt"-Verschiebungen und „Pseudokontakt"-Verschiebungen

Wie in Abschnitt 5.2. eingehend erläutert, sind brauchbare NMR-Messungen an gelösten paramagnetischen Komplexen dann möglich, wenn $\tau_s$, oder in konzentrierten Lösungen $\tau_e$ die kürzesten Zeitkonstanten des Systems darstellen. Es erhebt sich dann die Frage nach Form und Lage der Linien.

Ein Elektron in der Nachbarschaft eines magnetisch aktiven Kernes, etwa mit I = 1/2, verspürt die zwei möglichen, verschiedenen Einstellungen des magnetischen Kernmomentes, so daß die magnetischen Elektronenniveaus aufspalten. Das gleiche trifft selbstverständlich für die magnetischen Kernniveaus zu. Somit treten sowohl in den NMR- als auch in den EPR-Spektren etwa eines Wasserstoffatoms jeweils zwei Absorptionen auf. Die Größe der Aufspaltung wird mit $A_N$ bezeichnet.

Wichtig für die weitere Behandlung ist die Tatsache, daß in beiden Fällen diejenige Linie, die dem energiereicheren Übergang entspricht, etwas intensiver ausfällt. Bei einer Boltzmann-Verteilung nimmt die unterschiedliche Besetzung der Niveaus mit wachsendem Energieabstand zu. Somit ist die Besetzungsdifferenz zwischen den Niveaus, die dem energiereicheren Übergang entsprechen, größer und damit die diesem Übergang zuzuordnende Absorption intensiver.

Es ist jedoch vorauszusetzen, daß bei extrem kleinen $\tau_s$ oder $\tau_e$ (29) gültig ist.

$$1/\tau_s \gg A_N; \qquad 1/\tau_e \gg A_N \qquad (29)$$

$A_N$ steht für die Hyperfeinaufspaltungskonstante, die als Maß für die Stärke der Kern-Elektron-Wechselwirkung anzusehen ist. Falls die unter (29) definierten Bedingungen eingehalten werden, stimmt jedoch die oben angegebene Beschreibung des Zweispinsystems nicht mehr mit den experimentellen Beobachtungen überein. Der Kern, N, „verspürt" nämlich wegen des raschen Wechsels der Spineinstellung der ungepaarten Elektronen nur noch ein zeitlich ausgemitteltes Hyperfein-Feld der Elektronen, das sich aus der Stärke der Kern-Elektron-Kopplung $A_N$, dem magnetischen Moment der Elektronen $g\beta\sqrt{S(S+1)}$ sowie der Temperatur T nach (30)

$$\mathscr{H} = -\mu_{N_z}(1 + 2\pi A_N[I\hbar/\mu_N](g|\beta|S(S+1)/3kT)H_0 \qquad (30)$$

berechnen läßt.

Die als Voraussetzung für die Aufnahme von NMR-Spektren geforderten extrem kurzen Elektronenspin-Relaxationszeiten üben demnach einen weiteren Einfluß auf die NMR-Spektren aus, und zwar mitteln sie wegen (29) und (30) die Folgen einer Kern-Elektronen-Wechselwirkung aus. An Stelle von Aufspaltungen resultieren in den NMR-Spektren wegen des zeitlich ausgemittelten Hyperfeinfeldes Verschiebungen, die sowohl von paramagnetischen als auch diamagnetischen Beiträgen zur Gesamtabschirmung verursacht werden. Da die tiefer liegenden Niveaus mit parallel zum äußeren Feld ausgerichteten Elektronenspins im allgemeinen stärker besetzt sind, beeinflussen im zeitlichen Mittel mehr Elektronen mit paralleler Spineinstellung den betrachteten Kern. Das äußere Feld wird demnach verstärkt, so daß starke Verschiebungen nach tieferen Feldern resultieren, deren Betrag $\Delta H/H_0$

$$(\Delta H/H_0)_N = -A_N\,(\gamma_e/\gamma_N)\,g\,\beta\,S(S + 1)/3\,kT \tag{31}$$

von der Boltzmann-Verteilung zwischen den magnetischen Elektronenniveaus abhängt. Je größer die durch das äußere Feld $H_0$ verursachten Aufspaltungen dieser Niveaus ausfallen, umso mehr Elektronen sind in den tieferen Zuständen anzutreffen. So ergibt sich eine Abhängigkeit der Verschiebungen vom magnetischen Moment der Elektronen, $g\beta\sqrt{S(S + 1)}$. Außerdem ist die Besetzungsdifferenz temperaturabhängig. Je höher die Temperatur, T, umso kleiner der Überschuß parallel ausgerichteter Elektronen in den tieferen Niveaus. Mit steigendem magnetischen Moment des Komplexes, das entweder durch große $g$-Werte bei Verbindungen mit einem ungepaarten Elektron oder durch große Gesamtspinquantenzahl, $S$, zustandekommt, wachsen demnach die Verschiebungen an, wie etwa für Bis-($\pi$-cyclopentadienyl)-metall-Komplexe oder Acetylacetonato-Verbindungen verschiedener Übergangsmetall-Ionen mit variierender Zahl freier Elektronenspins [245, 246, 247].

Das magnetische Elektronenmoment, das der Kern tatsächlich „verspürt", hängt von der Größe des Elektron-Kern-Kontakts ab. Diese Wechselwirkung repräsentiert die Größe $A_N$, die sog. Hyperfeinaufspaltungskonstante. Sie kann nach Gl. (32)

$$A_N = 8\,\pi/3\,h\,g_e\,\beta_e\,g_N\,\beta_N\,|\psi(0)|^2 \tag{32}$$

berechnet werden. Wesentlichster Bestandteil von (32) ist der Betrag von $|\psi(0)|^2$, der die Aufenthaltswahrscheinlichkeit des ungepaarten Elektrons am Kernort angibt. Der Wert von $|\psi(0)|^2$ wird im allgemeinen als Spindichte am Punkt (0) bezeichnet. Die Spindichte kann auch in bezug auf eine bestimmte Bahnfunktion definiert sein ($|\psi_N|^2$) und gibt dann denjenigen Anteil des freien Elektronenspins an, der in der Bahnfunktion ($\psi_N$) anzutreffen ist.

Ohne zusätzliche Wechselwirkungen stellt sich der magnetische Vektor der freien Spins beim Anlegen eines äußeren Feldes parallel zu dessen Richtung ein. Es entsteht demnach am Kernort, 0, ein paramagnetischer Abschirmungsbeitrag und als Folge davon eine Verschiebung nach tieferen Feldern. In vielen Fällen können jedoch die abgepaarten bindenden Elektronen eines Moleküls die ungepaarten Elektronen so polarisieren, daß eine *antiparallele* Einstellung des magnetischen Vektors zum äußeren Feld energetisch bevorzugt ist. Dieser Anteil der Spindichte $(\psi_{(0)})^2$ am Kernort (0) schirmt den Kern diamagnetisch ab, verursacht Verschiebungen nach höheren Feldern und geht in Gl. (32) auch mit negativen Vorzeichen ein. Somit wird $A_N$ ebenfalls negativ, und nach (31) ergeben sich für $\Delta H/H_0$ positive Werte. Man nennt $\psi^2$ bei paralleler Einstellung der freien Spins positive, bei antiparalleler Einstellung negative Spindichte. Das Vorzeichen der Spindichte bestimmt somit die Richtung der Signalverschiebungen von paramagnetischen Komplexen. Nach (31) und (32) sind sie ein direktes Maß für die freie Spindichte am Kernort. Die Grundlage für eine eingehende Analyse der Verteilung von ungepaarten Elektronen in einem Komplexmolekül scheint hiermit gegeben. Da nur bei Ausbildung kovalenter Metall-Ligand-Bindungen freie Spindichte in Ligandenbahnfunktionen gelangen kann, spiegeln die Verschiebungen magnetisch aktiver Ligandenkerne den Charakter der Bindungsbeziehung zwischen Metall und Ligand wider.

Eine gewisse Einschränkung der Methode resultiert aus der Abhängigkeit der Linienbreite von $A_N^2$. Kerne mit großer Spindichte lassen sich danach nicht mehr nachweisen.

Beziehung (31) ist bei stark anisotropen g-Faktoren geringfügig zu modifizieren [248]. Je nach dem Verhältnis der g-Faktor-Anisotropie zu den Parametern $\tau_s$ und $\tau_d$ weichen die Verschiebungen um konstante Faktoren von den nach (31) berechneten Werten ab. In Anbetracht der noch zu erläuternden, grob qualitativen Aussagen der NMR-Spektren an paramagnetischen Übergangsmetall-Komplexen in Lösung wird auf eine eingehende Diskussion dieser Probleme verzichtet.

Die tatsächlich vorliegenden Verhältnisse sind allerdings dadurch etwas kompliziert, daß aus einer dipolaren Wechselwirkung zwischen Elektronen-bahn- und -spinmomenten einerseits und dem Kernspin andererseits zusätzliche Verschiebungen auftreten können. Sie werden nach einem früheren Vorschlag allgemein als „Pseudokontakt-Verschiebungen" bezeichnet [231]. Der Beitrag zur Verschiebung in Lösung ergibt sich unter bestimmten Bedingungen [248] zu (33)

$$\Delta H/H_0 = -(3\cos^2\vartheta - 1)(g_\| - g_\perp)(g_\| + 2g_\perp)\beta^2 S(S+1)/27\,k\,Tr^3 \qquad (33)$$

Besitzt der Komplex magnetisch anisotrope Eigenschaften $(g_\| - g_\perp \neq 0)$, so sind die Ligandensignale selbst dann verschoben, wenn keine Übertragung von freier Spindichte über eine Metall-Ligand-Bindung hinweg stattfindet. Etwa auftretende Verschiebungen können demnach keineswegs als Kriterium für eine starke Metall-Ligand-Bindung dienen. Im Gegenteil erweisen sich die durch Pseudokontakt-Wechselwirkung hervorgerufenen Verschiebungen in salzartigen Komplexen ohne wesentliche kovalente Metall-Ligand-Bindungen als besonders groß. Das folgt auch aus dem Modell, das Gl. (33) zugrunde liegt [231]. Es beschreibt nämlich die ungepaarten Elektronen als weitgehendst auf das Zentralmetall-Ion lokalisiert, entsprechend einem punktförmigen Elektronendipol am Kernort. Somit sind nur in Komplexen mit sog. schwachen Liganden, z. B. in den Komplexen der Seltenen Erden und Aktiniden, deren innere, teilweise besetzten Bahnfunktionen nur wenig gestört werden, wesentliche Pseudokontakt-Verschiebungen zu erwarten. Gerade für diese Komplextypen ist die auf Spinübertragung beruhende Kontakt-Wechselwirkung zwar nachweisbar [249], spielt aber keineswegs die dominierende Rolle [250].

Demgegenüber stehen die Komplexe mit sog. *starken* Liganden, in denen einerseits über kovalente Metall-Ligand-Bindungen die ungepaarten Elektronenspins delokalisiert werden und zum andern durch die Verringerung des Bahnmomentbeitrags die g-Faktoranisotropie abnimmt. Bei den in paramagnetischen metallorganischen Komplexverbindungen mit überwiegend kovalenten Metall-Ligand-Bindungen allgemein beobachteten $g$-Werten nahe 2.00 fehlen demnach Pseudokontakt-Beiträge zur Signalverschiebung, während die Kontaktverschiebungen der Ligandenkerne besonders große Werte annehmen [246].

Ganz offensichtlich sind beide Mechanismen gegenläufig. Große Kontaktverschiebungen setzen fast zwangsläufig kleine Pseudokontakt-Wechselwirkungen voraus und umgekehrt. D. h. selbst in Komplexen eines bestimmten Zentralmetall-Ions mit verschieden starken Liganden sind aufgrund gleichartiger Verschiebungen der Ligandenkerne keineswegs *deutliche* Unterschiede in der Metall-Ligand-Bindungsstärke auszuschließen.

Für die eingehende Diskussion der elektronischen Struktur eines Komplexes anhand der $^1$H-NMR-Spektren muß also die Möglichkeit bestehen, die Pseudokontakt- von der Kontakt-Wechselwirkung zu trennen. Bisher wurde dazu ein Vergleich der Verschiebungen äquivalenter Kerne in sterisch gleichartig gebauten Komplexen herangezogen, denn so ließ sich der sterische Faktor $(3\cos^2\vartheta - 1)/r^3$ eliminieren [251]. Deutliche Unterschiede in den relativen Signallagen für die verschiedenen Komplexe sind allerdings nur dann auf Pseudokontakt-Wechselwirkung zurückzuführen, wenn die Kontaktbeiträge gleich bleiben. Diese Voraussetzung scheint jedoch keineswegs erfüllt [252].

Für Komplexe mit nur wenigen NMR-Linien könnte ein Vergleich der Spektren von polykristallinen bzw. gelösten Proben weiterhelfen, denn bei vorwiegender Pseudokontakt-Wechselwirkung sollten sich die Signallagen unter einigen einschränkenden Bedingungen [231, 248] unterscheiden.

### 5.2.3. Ergebnisse

$^1$H-NMR-Spektren von gelösten paramagnetischen Übergangsmetall-Komplexen wurden erstmals 1957 von den auch bindungstheoretisch sehr interessanten Bis(π-cyclopentadienyl)-metall-Komplexen der ersten Übergangsreihe aufgenommen [253]. Sie eignen sich besonders gut für $^1$H-Messungen, da sie pro Molekül 10 äquivalente Protonen besitzen und aufgrund außerordentlich anisotroper magnetischer Eigenschaften relativ schmale Linien zeigen. Die Signale sind gegenüber dem diamagnetischen Standard Ferrocen (Tab. 2) teils nach *höheren*, teils nach *tieferen* Feldern verschoben. Die Ringprotonen „verspüren" demnach in den Komplexen $Cr(C_5H_5)_2$ und $V(C_5H_5)_2$ positive, in den Verbindungen $Ni(C_5H_5)_2$ und $Co(C_5H_5)_2$ dagegen negative Spindichte. Dieses Ergebnis war der Anlaß zu zahlreichen eingehenden Diskussionen über die elektronische Struktur insbesondere über den Charakter der Metall-Ligand-Bindung in diesen Komplexen. Eigentlich sollte man annehmen, daß die ungepaarten Metallelektronen über die quasi aromatischen Ringliganden delokalisiert sind. Dann würde in den Kohlenstoff $p_z$-Bahnfunktionen positive Spindichte resultieren, die wiederum, wie in aromatischen Radikalen [244], die ungepaarten Elektronen der CH-Bindung so stark polarisiert, daß am Ort des Ringprotons *negative* Spindichte entsteht. Die $^1$H-Signale aller Komplexe sollten demnach bei höheren Feldern auftreten. Es hat in der Folgezeit nicht an Versuchen gefehlt, diese Diskrepanz zwischen experimentellem Ergebnis und theoretischen Vorstellungen zu erklären. Auch die Untersuchung substituierter Bis($\pi$-cyclopentadienyl)-metall-Komplexe führte bisher nicht zu einer einhelligen Meinung über die Ursache dieser „anomalen" Verschiebungen [254, 255, 256]. Ähnliche Widersprüche erhoben sich bald bei der Interpretation zahlreicher $^1$H-NMR-Messungen, so daß eine kurze Diskussion dieses Problems angebracht scheint.

Tabelle 2

| | Verschiebungen [ppm] bei Raumtemperatur | | | |
| | Ring | $\alpha$-CH$_2$ | $\beta$-CH$_2$ | $-$CH$_3$ |
|---|---|---|---|---|
| $V(\pi\text{-}C_5H_5)_2$ | $-307{,}5$ | | | |
| $V(\pi\text{-}C_5H_4-CH_3)_2$ | $-337$ | | | $-120$ |
| $Cr(\pi\text{-}C_5H_5)_2$ | $-314{,}1$ | | | |
| $Cr(\pi\text{-}C_5H_4-CH_3)_2$ | $-364$ <br> $-310$ | | | $-36$ |
| $Co(\pi\text{-}C_5H_5)_2$ | $+53{,}8$ | | | |
| $Co(\pi\text{-}C_5H_4-CH_3)_2$ | $+72{,}3$ <br> $+49$ | | | $-10{,}4$ |
| $Ni(\pi\text{-}C_5H_5)_2$ | $+254{,}8$ | | | |
| $Ni(\pi\text{-}CH_3C_5H_4)_2$ | $+253{,}8$ | | | $-200{,}5$ |
| $[Fe(\pi\text{-}C_5H_5)_2]^\oplus$ | $-24{,}8$ | | | |
| $[Fe(\pi\text{-}CH_3C_5H_4)_2]^\oplus$ | $-30{,}0$ | | | $11{,}3$ |
| $[Fe(\pi\text{-}CH_3CH_2C_5H_4)(\pi\text{-}C_5H_5)]^\oplus$ | $-29{,}7$ | $14{,}9$ | | $13{,}7$ |
| $[Fe(\pi\text{-}CH_3CH_2C_5H_4)_2]^\oplus$ | $-29{,}6$ | $15{,}1$ | | $11{,}1$ |
| $[Fe(\pi\text{-}CH_3CH_2CH_2C_5H_4)_2]^\oplus$ | $-28{,}2$ | $18{,}5$ | $7{,}1$ | $0{,}0$ |

Selbst wenn gesichert ist, daß die Fermi-Kontakt-Wechselwirkung die Abschirmung im wesentlichen beeinflußt — was für die Bis($\pi$-cyclopentadienyl)-metall-Komplexe gilt — so bleiben eine Reihe von Mechanismen offen, nach denen freie Spindichte vom Zentralmetall auf die Liganden gelangt. Im wesentlichen sind die folgenden Wege denkbar:

1. Die Metall-$d$-Elektronen füllen lockernde unbesetzte Ligandenbahnfunktionen mit $\sigma$- oder $\pi$-Charakter auf.

2. Elektronen in den energetisch höchsten besetzten Bahnfunktionen des Liganden werden ganz oder teilweise in unbesetzte $d$-Metall-Bahnfunktionen übertragen, oder

3. teilweise besetzte d-Bahnfunktionen überlappen mit sterisch günstig angeordneten besetzten Ligandenfunktionen von Atomen, die nicht direkt (im klassischen Begriff einer chemischen Bindung) an das Metall gebunden sind.

Zunächst wäre die Frage zu beantworten, in welcher Weise die NMR-Verschiebungen vom Delokalisierungsmechanismus der freien Elektronenspins abhängen. Die unter 1. genannte Spinübertragung vom Metall zum Liganden findet vor allem in den Komplexen von Titan(III) und Vanadin(III) statt [257]. Die Energie der Metall-$d$-Bahnfunktionen liegt für die ersten Ionen der Reihe relativ hoch, so daß eine Wechselwirkung mit den tiefstliegenden, lockernden Ligandenbahnfunktionen denkbar ist. Falls die Spindichte in $\sigma$-Funktionen übertragen wird, resultiert positive Spindichte in diesen Funktionen, die rasch mit zunehmender Entfernung vom Zentralmetall abnimmt. Deutliche Verschiebungen nach tieferen Feldern für die dem Zentralmetall nahestehenden Kerne lassen somit eine $\sigma$-Delokalisierung vom Metall zum Liganden erkennen. Typische Merkmale, die auf diesen Mechanismus deuten, wurden bei vielen an Metall-Ionen gebundene Heterocyclen wie Pyridin, Pyridin-N-Oxid und verschiedenartig substituierten Pyridinderivaten gefunden [258, 259, 260].

Hat die tiefstliegende, lockernde Bahnfunktion dagegen $\pi$-Charakter, dann entsteht an den C-Atomen eines konjugierten Liganden positive Spindichte, falls ein geradzahliges Kohlenstoffgerüst vorliegt und alternierende positive bzw. negative Spindichte, falls ein ungeradzahliges Gerüst vorhanden ist [66]. Die freie Spindichte im $\pi$-System polarisiert die CH-Bindungen, so daß schließlich am Proton negative Spindichte bei geradzahligen Liganden resultiert. In den ungeradzahligen Ligandensystemen sind bei $\pi$-Delokalisierung die typischen alternierenden Verschiebungen nach höherem bzw. tieferem Feld zu beobachten [66].

Mit zunehmender Ordnungszahl des Zentralmetall-Ions nimmt die Energie der d-Bahnfunktionen ab, weswegen die letzten Ionen der ersten Übergangsmetallreihe vorwiegend Elektronen aus bindenden Ligandenbahnfunktionen erhalten (Mechanismus 2). Nachdem die ungepaarten Elektronen am Zentralmetall-Ion parallel zum äußeren Feld ausgerichtet sind, ist die Übertragung negativer Spindichte energetisch bevorzugt. Somit verbleibt ebenfalls *positive* Spindichte in Ligandenbahnfunktionen. Nur die Werte der Spindichten an den Liganden-C-Atomen unterscheiden sich für Mechanismus 1. bzw. 2., so daß eine Zuordnung erst nach eingehenden Berechnungen möglich ist. Die Merkmale des unter 3. erwähnten Modells kämen denjenigen der $\sigma$-Delokalisierung gleich. Für die dem Metall sehr nahestehenden Kerne sollten starke Verschiebungen nach tieferen Feldern auftreten.

Eine Fülle von Arbeiten beschäftigte sich in den letzten Jahren mit der möglichen Aufteilung der beobachteten Fermi-*Kontakt*-Verschiebungen in die unter 1.—3. genannten Beiträge [245, 255, 257, 261 — 264]. Nur wenn eine Lösung dieses Problems gelingt, ist aus den Verschiebungen bestimmter Ligandenkerne auf den Charakter der Metall-Ligand-Bindung zu schließen.

Die erste ausführliche Analyse der $^1$H-NMR-Verschiebungen von Bis-(aminotroponiminato)-nickel(II)-Komplexen zählt heute bereits zu den „klassischen" Beispielen für die Anwendungsmöglichkeit der NMR-Methode auf paramagnetische Systeme [265, 266]. In verschiedener Hinsicht handelt es sich dabei um einen besonders bevorzugten Komplextyp. Zum ersten zeichnen sich die $^1$H-Absorptionen durch besonders kleine Linienbreiten aus, so daß in vielen Fällen sogar die durch indirekte Kern-Kern-Kopplung hervorgerufene Hyperfeinstruktur sichtbar wird. Zum zweiten sind die Aminotroponiminate des Nickel(II)-Ions konfigurationslabil. In Lösung findet ein rascher Wechsel zwischen einer planaren sowie einer tetraedrischen Ligandenanordnung statt.

Die Ursache der geringen Linienbreiten ist bis heute noch nicht geklärt. Eine ganze Reihe von Mechanismen, die zu kurzen Elektronenspin-Relaxationszeiten in diesen Komplexen führen, wäre denkbar, jedoch lassen sich schwerwiegende Einwände gegen jeden einzelnen erheben [Abschn. 5.2.1.1.2.1.]. Daß die Beteiligung einer diamagnetischen Konfiguration am Gleichgewicht eine wichtige Rolle spielt, ist nach einem Vergleich der $^1$H-Linienbreiten ähnlicher, aber konfigurationsstabiler Komplexe, wie etwa der Bis(triarylphosphin)-nickel(II)- bzw. kobalt(II)-Dihalogenide wahrscheinlich, die bei vergleichbaren Nullfeldaufspaltungen wesentlich breitere Linien zeigen.

Nach den experimentellen Ergebnissen überwiegt ein Elektronenübergang von $\pi$-Ligandenbahnfunktionen in Metallbahnfunktionen. Je nach der Ausdehnung der $\pi$-Ligandenfunktionen verteilt sich die Spindichte über das konjugierte System, wobei auch aromatische oder aliphatische Substituenten am Stickstoff eingeschlossen sind. Da eine Reihe N-substituierter Aminotroponiminate dargestellt werden kann, eröffnet sich auf diesem Wege eine Möglichkeit, die Verteilung und Übertragung auch sehr kleiner Spindichten innerhalb eines organischen Systems zu untersuchen [66]. Die Vorzüge der NMR-Spektroskopie gegenüber EPR-Messungen werden hier besonders deutlich. Die intramolekulare Umlagerung der (Aminotroponiminato)-nickel(II)-Komplexe, die gleichzeitig einen raschen Wechsel der elektronischen Konfiguration des Grundzustandes mit sich bringt, führt zu einer geringfügigen Modifizierung von Gleichung (31). Die mit einem diamagnetischen $^1A_{1_g}$-Grundzustand vorliegende planare Form trägt zur Kontaktverschiebung nicht bei, die allein vom paramagnetischen $^3A_{2_g}$-Grundzustand der tetraedrischen Konfiguration verursacht wird. Wenn $\Delta G$ die Differenz der freien Enthalpien der planaren bzw. der tetraedrischen Form bezeichnet, errechnen sich die Verschiebungen $\Delta H/H_0$ nach (34)

$$\Delta H/H_0 = -A_N(\gamma_e/\gamma_N)[g\beta S(S+1)][3kT \exp(\Delta G/kT) + 1]^{-1} \qquad (34)$$

Die Temperaturabhängigkeit von $\Delta H/H_0$ kann recht kompliziert sein, da $\Delta G$ wiederum eine Funktion der Temperatur ist.

Die $^1$H-NMR-Ergebnisse an diesen Komplexen sowie ihre Folgerungen, die man etwa hinsichtlich der Metall-Ligand-Bindungsbeziehung oder der Spindichteverteilung in organischen Radikalen zog, sind in verschiedenen Arbeiten ausführlich und übersichtlich behandelt, so daß eine nähere Betrachtung an dieser Stelle überflüssig erscheint [66, 257].

Temperaturabhängige Gleichgewichte zwischen diamagnetischen und paramagnetischen Isomeren existieren auch in verschiedenen Bis(N-alkyl-salicylaldiminato)-nickel(II)-Komplexen [267], für die neben einem temperaturabhängigen Gleichgewicht zwischen planaren und tetraedrischen Isomeren ein weiteres Gleichgewicht zwischen monomeren diamagnetischen und assoziierten paramagnetischen Formen hinzukommt. In den rasch umlagernden Komplexen delokalisieren die freien Spins über eine $\pi$-Wechselwirkung zwischen Metall und Ligand, ohne jegliche Beteiligung eines $\sigma$-Anteils [66].

Es wäre noch nachzuprüfen, wann bevorzugt Spindichte vom Metall zum Liganden oder umgekehrt transferiert wird. Dazu eignen sich vergleichende

¹H-Messungen an Komplexen verschiedener Zentralmetall-Ionen mit dem gleichen Liganden, z. B. Acetylaceton [247]. Er besitzt ein besonders einfaches und leicht analysierbares ¹H-NMR-Spektrum. Die energetisch tiefste lockernde π*-Molekülbahnfunktion liegt etwa auf gleicher Höhe mit den 3d-Metallbahnfunktionen der leichteren 3d-Übergangselemente. Ladungsübertragung vom Metall zum Liganden findet statt, denn die π*-Ligandenkombinationen sind nicht besetzt. In π*-Ligandenbahnfunktionen findet sich somit positive Spindichte.

Mit steigendem Atomgewicht sinkt die Energie der 3d-Metallbahnfunktionen ab, so daß, wie bereits erwähnt, umgekehrt die Übertragung von Spindichte aus der höchsten gefüllten π-Molekülbahnfunktion in 3d-Metallbahnfunktionen immer wahrscheinlicher wird. Für die Komplexe mit den schwereren 3d-Ionen, wie Nickel(II) und Kobalt(II), mit mehr als halbbesetzten d-Bahnfunktionen bleibt ebenfalls positive Spindichte am Liganden, da bevorzugt negative Spindichte mit antiparalleler Einstellung zum Metall transferiert wird. Die positive Spindichte befindet sich jedoch in diesem Fall in bindenden π-Molekülbahnfunktionen. Da für die entgegengesetzten Ladungsübergänge Spindichten mit gleichem Vorzeichen in Ligandenbahnfunktionen resultieren, kann nur durch einen Vergleich theoretisch berechneter mit experimentell gemessenen Werten die Richtung der Ladungsübertragung bestimmt werden [66, 247]. Die Analyse der ¹H-NMR-Spektren in bezug auf Metall-Ligandbindungsparameter gestaltet sich noch schwieriger, wenn zudem zusätzliche Delokalisierung im σ-System des Liganden stattfindet. Sie sorgt in allen Fällen für positive Spindichte auch am Ort der Protonen und somit für Verschiebungen nach tieferen Feldern.

Nach den bisher behandelten Mechanismen wird freie Spindichte über das *Bindungs*system des Komplexes delokalisiert, jedoch ist eine direkte Wechselwirkung zwischen Ligandenprotonen und ungepaarten Metallelektronen nicht auszuschließen (Mechanismus 3). Sie könnte vor allem in den Bis(π-cyclopentadienyl)-Metall-Komplexen der 3d-Metalle mit besonders starkem Metall-Proton-Kontakt eine wesentliche Rolle spielen, wodurch die „anomalen" Vorzeichen der Spindichten an den Ligandenprotonen zwanglos zu deuten wären [245].

Seit einiger Zeit weiß man über Elektron-Kern-Wechselwirkungen zwischen nicht chemisch gebundenen Kernen vor allem aus Overhauser-Messungen relativ gut Bescheid, die teils dipolaren, teils aber skalaren Ursprungs sein können [268, 268a]. Innerhalb eines Moleküls sollten ähnliche Elektron-Kern-Wechselwirkungen bevorzugt in solchen Komplexen auftreten, in denen eine zur gegenseitigen Beeinflussung günstige sterische Anordnung von ungepaarten Metall-Elektronen einerseits und Ligandenkernen andererseits fixiert ist, z. B. in den Bis(π-cyclopentadienyl)-metall-Komplexen (Abb. 18) [245].

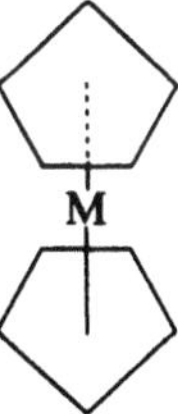

Abb. 18. Struktur der Bis(π-cyclopentadienyl)-metall-Komplexe

Die zwischen den Ringebenen herausragenden nichtbindenden Metall-Bahnfunktionen vermögen mit geeigneten Bahnfunktionen der Liganden-Wasserstoffatome zu überlappen (Abb. 18), wobei direkt positive Spindichte am Proton resultiert. Die aus einer „direkten" Wechselwirkung erwarteten Verschiebungen dürften stark mit der Besetzung dieser nichtbindenden Metall-Bahnfunktionen variieren. Legt man das in Abb. 19 angedeutete Energieniveaudiagramm zugrunde [245], so sind die praktisch bahnentarteten, überwiegend nichtbindenden Metallbahnfunktionen $\sigma'_g$ bzw. $\delta_g$ im $V(C_5H_5)_2$ mit 3 ungepaarten Elektronen, im $Cr(C_5H_5)_2$ mit 4 Elektronen, von denen 2 parallele Spinrichtung aufweisen, im $[Fe(C_5H_5)_2]^+$ mit 5 und schließlich im diamagnetischen Ferrocen mit 6 abgepaarten Elektronen besetzt. In den Komplexen $Co(C_5H_5)_2$ und $Ni(C_5H_5)_2$ werden weitere ein bzw. zwei Elektronen in den lockernden, entarteten $\pi^*_g$-Funktionen untergebracht. Die weitausladenden $\sigma'_g$- bzw. $\delta_g$-Funktionen überlappen geringfügig mit geeigneten Bahnfunktionen der sterisch außerordentlich günstig angeordneten Protonen. Somit wäre für alle Komplexe die ungepaarte Elektronen in den praktisch nichtbindenden $\sigma'_g$ und $\delta_g$ besitzen, eine schwache Metall-Wasserstoffbindung möglich. Das käme einer direkten Übertragung von freier Spindichte des Metall-Ions in Wasserstoffbahnfunktionen gleich. In Anlehnung an die sehr gebräuchliche Be-

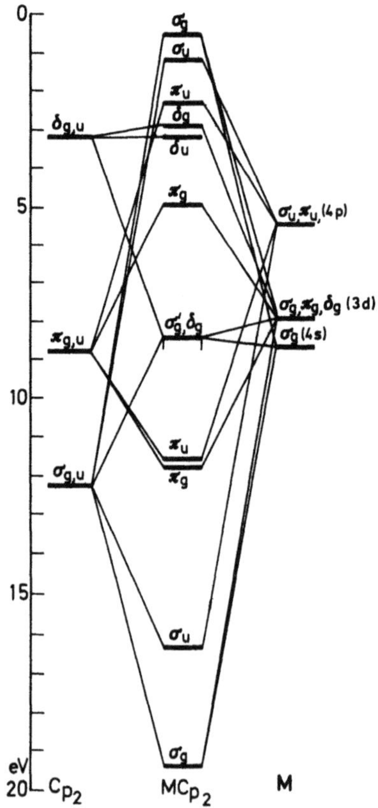


Abb. 19. Energieniveauschema der Bis($\pi$-cyclopentadienyl)metall-Komplexe

zeichnung „Kern-Kern-through-space-Kopplung" für eine über *Elektronen* vermittelte Wechselwirkung zwischen sterisch günstig angeordneten Protonen in verschiedenen organischen Verbindungen [7] könnte man der genannten Spinübertragung in Metall-Komplexen die Bezeichnung „Elektronen-Kern-through-space-Kopplung" geben. In beiden Fällen ist eine Überlappung von Elektronenbahnfunktionen selbstverständliche Voraussetzung. Diese „direkte" Wechselwirkung liefert nur für Komplexe mit ungepaarten Elektronen in den nichtbindenden Metall-Funktionen freie Spindicht am Ort der Ligandenprotonen. Nach Abb. 19 gilt das nicht für die Verbindungen $Ni(C_5H_5)_2$ und $Co(C_5H_5)_2$, deren $\sigma_g'$- bzw. $\delta_g$-Niveaus mit Elektronenpaaren aufgefüllt sind. Von einem „direkten" Proton-Elektron-Kontakt ist somit für diese Moleküle kein Beitrag zur ungepaarten Spindichte am Proton zu erwarten. Sie resultiert vielmehr aus positiver Spindichte in den $\pi$-Molekülbahnfunktionen und nach der bekannten Polarisierung durch die $C-H$-Bindungselektronen mit negativem Vorzeichen am Ort des Protons.

Ein wesentliches und von der NMR-Methode unabhängiges Argument läßt sich für eine direkte Wechselwirkung anführen. Bei dem geringfügigen Ring-Ring-Abstand könnte man aufgrund für beide Ringliganden eine Abwicklung der CH-Bindungslinie aus der Ringebene und zwar vom Metall weg fordern. Tatsächlich ragt jedoch die CH-Bindungslinie um einen Winkel von 6 Grad in Richtung zum Metall aus der Ringebene heraus [269]. Die aus einer „direkten" Wechselwirkung zu folgernde schwache Metall-Kohlenstoff-Wasserstoffbrücke wäre durchaus als Ursache für das anomale Verhalten denkbar. Gerade in jüngster Zeit sind wieder einige Zweifel an dieser Interpretation laut geworden, die sich auf theoretische Berechnungen stützen [255, 256]. Danach soll die Spindelokalisierung für die Komplexe $V(\pi\text{-}C_5H_5)_2$ und $Cr(\pi\text{-}C_5H_5)_2$ vorwiegend über $\sigma$-Molekülbahnfunktionen, für die Komplexe $Co(\pi\text{-}C_5H_5)_2$ und $Ni(\pi\text{-}C_5H_5)_2$ vorwiegend über $\pi$-Funktionen verlaufen. Obwohl diese nach einer erweiterten Hückelmethode erhaltenen Spindichten mit den experimentellen Befunden gut übereinstimmen, steht eine eindeutige Klärung des tatsächlich vorliegenden Übertragungsmechanismus noch aus. Jedoch sprechen selbst die an diamagnetischen metallorganischen Komplexen meßbaren Verschiebungen nach höheren Feldern für die dem Metall am nächsten stehenden und nicht unmittelbar daran gebundenen Protonen (Abschn. 4.1.1.2.6.2.) für das Postulat einer direkten Spinübertragung.

Noch ein weiteres stichhaltiges Argument läßt sich für eine direkte Wechselwirkung anführen, und zwar betrifft es $^1$H-NMR-Spektren von metallnahen $CH_2$-Gruppen in paramagnetischen Komplexen. Nach dem $\sigma$-Delokalisierungsmechanismus ist für beide Protonen einer solchen $CH_2$-Gruppe eine gleichartige Kontaktverschiebung zu fordern, denn die Spinübertragung im $\sigma$-System liefert notwendigerweise beiden Protonen die gleiche freie Spindichte. Geringfügige, sicher innerhalb der Fehlergrenze der Meßanordnung liegende Abschirmungsunterschiede könnten in unsymmetrischen Komplexen aufgrund chemisch verschiedener Umgebung auftreten [270], jedoch liegen diese Abschirmungsunterschiede um Größenordnungen unter den durch ungepaarte Elektronen verursachten Beiträgen. Falls zudem Pseudokontakt-Wechselwirkungen auszuschließen sind, könnten große Unterschiede in der Signallage von Protonen *einer*, dem Zentralmetall nahen $CH_2$-Gruppe nur der direkten Wechselwirkung zugeschrieben werden, etwa in verschiedenen fünffach koordinierten Nickel(II)-Komplexen [271], in denen sicher keine Pseudokontakt-Wechselwirkung stattfindet. Umso erstaunlicher sind die, z. B. am Dipropylamino-bis(salicylal-3.3'-diiminato)-nickel(II) (Abb. 20) gemessenen Verschiebungen zwischen den $\alpha$- bzw. zwischen den $\beta$-$CH_2$-Protonen des Amins von etwa 50 ppm zwischen den $\alpha$- bzw. von 10 ppm für die vom Metall weiter entfernten $\beta$-$CH_2$-Protonen. Derartige Verschiebungsdifferenzen sind für chemisch inäquivalente Protonen einer $CH_2$-Gruppe nur durch eine starke Wechselwirkung mit den ungepaarten Elektronen des Metalls möglich, wobei eines der $CH_2$-Protonen sterisch besonders günstig für die Wechselwirkung angeordnet ist. Auch die Verringerung der Verschiebungen in der $\alpha$- bzw. $\beta$-$CH_2$-Gruppe, von denen die erstere sich wesentlich näher am Metall befindet, stützt die Annahme einer starken direkten Wechselwirkung. Auch für verschiedene Addukte substituierter Pyridine an Bis(salicylaldehydato)-nickel(II) ist entgegen den bisherigen Vorschlägen einer $\sigma$-Delokalisierung eine starke direkte Metall-Proton-Wechselwirkung nicht auszuschließen [264]. Eine direkte Wechselwirkung wäre durch ähnliche Argumente zu begründen wie eine $\sigma$-Delokalisierung. So resultieren z. B. für die sterisch äußerst günstig angeordneten, d. h. dem Zentralmetallion nahestehenden $\alpha$- und $\beta$-Protonen des Pyridin-Liganden, wegen der direkten Elektron-Proton-Kopplung vorwiegend Verschiebungen nach tieferen Feldern, während die $\gamma$-Protonen vor allem durch die in $\pi$-Molekülbahnfunktionen delokalisierte Spindichte beeinflußt werden.

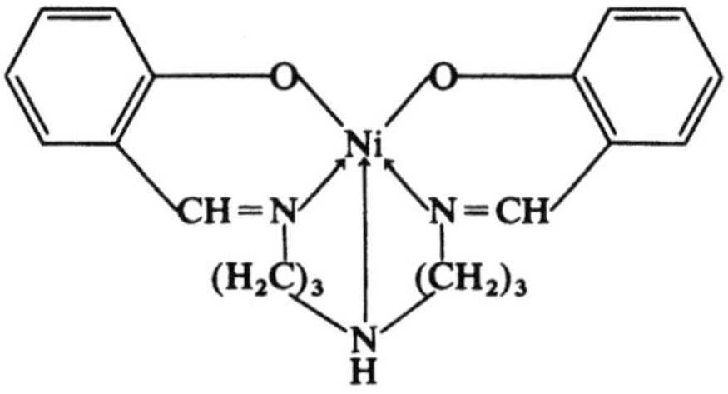

Abb. 20. Struktur des Dipropylamino-bis(salicylal-3,3'-diiminato)-nickel(II)

Eine direkte Wechselwirkung könnte möglicherweise auch als Ursache dafür angesehen werden, daß in paramagnetischen Komplexen zwischen den diastereoisomeren Formen optisch aktiver Übergangsmetall-Komplexe unterschieden werden kann, wie $^1$H-Messungen an verschiedenen Bis(N-alkylsalicylaldiminato)-nickel(II)-Komplexen [267, 272] mit optisch aktiven Alkylgruppen oder an optisch aktiven Triphenylphosphin-Halogenid-Komplexen des Nickel(II) bzw. Kobalt(II) beweisen [273]. Und zwar werden charakteristische Linienverdopplungen gefunden, wobei eine Liniengruppe der meso-Form, die andere den optisch aktiven Formen im racemischen Gemisch zuzuordnen ist. Da in diamagnetischen Komplexen ein solcher Unterschied nicht feststellbar ist, könnte eine verschieden starke direkte Metall-Proton-Wechselwirkung die Verschiebungen hervorrufen.

Bisher wurden etwa mögliche Pseudokontakt-Beiträge zu den Verschiebungen in Lösung vernachlässigt. Die Diskussion der $^1$H-Ergebnisse an gelösten paramagnetischen Übergangsmetallkomplexen ist jedoch besonders dadurch erschwert, daß sich der Pseudokontakt-Beitrag nicht genau ermitteln läßt. Voraussetzung dafür wäre nämlich die Kenntnis der sterischen Faktoren sowie der g-Faktoranisotropie, die beide in Gleichung (33) eingehen. Nachdem aber die NMR-Linienbreiten nur in Komplexen mit kurzen Elektronenspin-Relaxationszeiten genügend klein sind um sinnvolle Ergebnisse zu erzielen, können EPR-Messungen an den gleichen Verbindungen höchstens bei extrem tiefen Temperaturen zum Erfolg führen. Über die g-Faktoren ist somit im allgemeinen nichts bekannt.

Bisher liegen nur von einer Komplexklasse, nämlich den Kobalt(II)-tris-pyrazolylboraten, ausführliche EPR- und NMR-Ergebnisse vor [248]. Da außerdem die Struktur dieser Verbindungen bekannt war, konnten die sterischen Faktoren genau berechnet werden.

In allen anderen Fällen ist eine Aufteilung von Peseudokontakt- bzw. Kontaktbeiträgen nur aus indirekten Schlußfolgerungen und auch dann nur unter bestimmten Voraussetzungen möglich. Erst kürzlich wurde auf die zu berücksichtigenden Probleme aufmerksam gemacht [252]. Hinzu kommt außerdem noch der bisher wenig diskutierte Einfluß der Nullfeldaufspaltung in Komplexen mit $S > 1/2$. Die daraus resultierenden anisotropen magnetischen Eigenschaften dürften eine ähnliche Rolle spielen wie anisotrope g-Faktoren.

Typische Beispiele für weitgehende Pseudokontaktverschiebungen sollte man eigentlich unter den sog. „schwachen" Komplexen insbesondere von Ionen der Seltenen Erden oder aber auch Aktiniden finden. Jedoch zeigen die $^1$H-Spektren der paramagnetischen Komplexe der Seltenen Erden, Ce, Pr, Nd, Sm und Eu mit dem Liganden 4,4'-di-n-butyl-2,2'-bipyridyl deutliche Anzeichen einer Kontaktwechselwirkung [274], z. B. die drastische Abnahme der Verschiebungen in der aliphatischen Seitenkette des Liganden. Die nach einer Spinübertragung aus f-Metallbahnfunktionen in lockernde Ligandenbahnfunktionen mögliche Kontaktwechselwirkung soll auch, nach neueren Arbeiten an Aktinidenkomplexen mit $\beta$-Diketonen als Liganden, die Verschiebungen weitgehend dominieren [249]. Dem gegenüber stehen Ergebnisse an anderen Komplexen der Seltenen Erden, aus denen zumindest ein erheblicher Pseudokontaktanteil an der Gesamtverschiebung hervorgeht [247, 275]. Dazu zählen auch eine Reihe von Aquo-Komplexen [276].

Angesichts der vielen möglichen Ursachen für NMR-Verschiebungen in gelösten paramagnetischen Übergangsmetall-Komplexen und angesichts der Schwierigkeiten, die einer eindeutigen Aufteilung der verschiedenen Beiträge entgegenstehen, scheint es fraglich, ob eine detaillierte Diskussion der NMR-Parameter in bezug auf die Metall-Ligand-Bindungsbeziehung überhaupt sinnvoll ist.

Durch geeignete Dosierung des dipolaren Pseudo-Kontakt-Beitrags einerseits und des Fermi-Kontakt-Beitrags andererseits, sowie durch variierende Auslegung des Spinübertragungsmechanismus, kann, wie erst kürzlich festgestellt wurde [257], tatsächlich „jegliches Muster von Verschiebungen durch eine vorgegebene elektronische Struktur des Komplexes" gedeutet werden. Je geringfügiger die Verschiebungen ausfallen, umso vielschichtiger sind die auftretenden Probleme. Davon unberührt bleiben allerdings die enorme strukturanalytische Bedeutung dieser Methode ebenso wie die noch näher zu beleuchtenden Anwendungsmöglichkeiten bei der Lösung kinetischer Problemstellungen.

In letzter Zeit beschäftigt sich ein wesentlicher Teil der veröffentlichten NMR-Arbeiten an paramagnetischen Komplexen mit der Untersuchung sog. Ionenassoziate, fälschlicherweise häufig auch als „ion pairs" bezeichnet [250, 277 – 284].

Die aus Overhauser-Messungen bekannten, intermolekularen Wechselwirkungen zwischen den Elektronen gelöster *paramagnetischer* Komplex-Ionen bzw. organischer *Radikale* und magnetisch aktiven Kernen des *diamagnetischen* Lösungsmittels finden auch in Lösungen von Komplexsalzen zwischen dem paramagnetischen und dem diamagnetischen Ion statt. Die NMR-Signale der Kerne des diamagnetischen Gegenions sind auch dann deutlich verschoben, wenn sterische Gründe eigentlich gegen eine Koordination des diamagnetischen Ions an das paramagnetische Komplexion sprechen, etwa diamagnetischer Tetraalkylammonium- bzw. phosphonium-Salzen mit vierfach koordinierten, formal tetraedrischen, paramagnetischen Übergangsmetall-Komplexionen des Typs $[(C_6H_5)_3PMeHal_3]^-$ oder mit sechsfach koordinierten, formal oktaedrischen Komplex-Anionen des Typs $[(acetylacetonato)_3Me]^-$ oder $[Fe(CN)_6]^{3-}$. Me steht allgemein für die Metall-Ionen Nickel(II) bzw. Kobalt(II). Es wurde zunächst vorgeschlagen, die Verschiebungen einer Pseudokontakt-Wechselwirkung zwischen ungepaarten Metallelektronen [277, 284] und Alkylprotonen zuzuordnen. Dies vorausgesetzt, ließ sich auf der Basis eines vereinfachten geometrischen Modells, das die Tetraalkylammonium-Ionen als Kugeln, die pseudotetraedrischen Metallkomplexe als trigonale Pyramiden beschreibt, aus den $^1$H-NMR-Verschiebungen der Abstand zwischen diamagnetischen und paramagnetischem Ion berechnen [279].

Zunächst erhoben sich gegen die Zuordnung der $^1$H-Verschiebungen als reine „Pseudokontakt"-Verschiebungen einige schwerwiegende Einwände [250], so daß die erhaltenen Anion-Kation-Distanzen zumindest in Frage gestellt wurden. Einmal scheint bei der hohen Symmetrie der wechselwirkenden Ionen eine längere definierte sterische Anordnung zwischen dem kugelförmigen Tetraalkylammonium-Ion und dem ebenfalls hochsymmetrischen Metallkomplex-Ion ohne zusätzliche chemische Bindungen unwahrscheinlich. Nach neueren röntgenographischen Ergebnissen liegen die Ionen der Verbindung im Kristallgitter erwartungsgemäß an ganz anderen Positionen als für die Ionenassoziate in Lösung vorgeschlagen [285]. Weiterhin dürften diese Metallkomplex-Ionen weitgehend isotrope g-Faktoren besitzen, weswegen Beiträge zur Pseudokontaktwechselwirkung höchstens durch erhebliche Nullfeldaufspaltungen möglich wären.

Neben diesen mehr „theoretischen" Erwägungen sind zwei experimentelle Befunde mit dem vorgeschlagenen Modell nicht in Einklang zu bringen, nämlich das Vorzeichen der $^{14}$N- bzw. $^{31}$P-Verschiebungen der diamagnetischen Tetraalkylammonium- bzw. Phosphonium-Ionen in den Lösungen der Assoziate sowie die Zunahme der $^1$H-Verschiebungen bei Verdünnung [286].

Obwohl sich bei reiner Pseudokontakt-Wechselwirkung für die $^{14}$N- bzw. $^{31}$P-Kerne des kationischen Partners die größten Verschiebungen nach höheren Feldern berechnen, treten die Absorptionen bei tieferen Feldern auf [250, 286]. Dieses Ergebnis läßt sich nur durch eine direkte Überlappung zwischen Bahnfunktionen des Zentralmetalls und unbesetzten angeregten Bahnfunktionen des zentralen Stickstoff- bzw. Phosphoratoms in einem Berührungskomplex deuten, entsprechend einer „direkten" Me – N-Spinübertragung. Eine schwache

N – Me-Bindungsbeziehung wäre zudem ein Argument für eine definierte räumliche Anordnung zwischen Komplex- und Ammonium-Ion in Lösung. Nur eine direkte Me – N-Wechselwirkung vermag die beobachteten $^{14}$N- bzw. $^{31}$P-Verschiebungen nach tieferen Feldern sowie die $^{1}$H-Verschiebungen nach höheren Feldern zu erklären, während bei reiner Pseudokontakt-Wechselwirkung gleichsinnige Verschiebungen auftreten müßten. Überlagert sind außerdem durch die magnetisch anisotropen Nullfeldaufspaltungen verursachte Effekte, wie die unterschiedlichen Werte für Co(II)- bzw. Ni(II)-Komplexe zeigen.

Auch die Linienbreite der $^{1}$H-Absorptionen könnte als ein Argument für eine skalare Wechselwirkung dienen. Sie steigt bekanntlich mit zunehmendem $A_N^2$-Wert an (Abschnitt 5.2.1.), so daß die von der skalaren Wechselwirkung am stärksten betroffenen Protonen die größte Linienbreite aufweisen sollten. Die $^{1}$H-Resonanzen der Alkylprotonen etwa im Tetraalkylammonium-nickel(II)-phosphin-trijodid-Komplex zeigen tatsächlich dieses Verhalten, um nur ein Beispiel herauszugreifen [279].

Ein weiterer schwerwiegender Einwand erhebt sich mit der bereits früher erwähnten Konzentrationsabhängigkeit der $^{1}$H-NMR-Verschiebungen dieser Assoziate [279]. Nach neueren quantitativen Messungen [286] nehmen die Verschiebungen nach höheren Feldern für die Alkyl-Protonen des Ammonium-Ions mit fallender Ionen-Konzentration, entgegen den Erwartungen nach dem Ostwaldschen Verdünnungsgesetz, zu. Somit steigt mit abnehmender Konzentration der Ionen in der Lösung entweder ein diamagnetischer Abschirmungsbeitrag an, oder aber es verringert sich ein möglicher paramagnetischer Anteil. Für die letztere Vermutung spricht eine Verringerung der Verschiebung nach tieferen Feldern für die Heterokerne $^{14}$N bzw. $^{31}$P. Insgesamt machen sich demnach mit zunehmender Verdünnung für alle Kerne zunehmende diamagnetische Abschirmungsbeiträge bemerkbar. Die Konzentrationsabhängigkeit der $^{1}$H-Verschiebungen von Lösungen des Komplexes Tetra(n-butyl)-ammonium-triphenyl-phosphin-trijodid-kobaltat(II) sind in Abb. 21 aufgetragen. Danach scheinen mindestens drei verschiedene Assoziate vorzukommen, die jeweils nur in einem schmalen Konzentrationsbereich stabil sind. Von der Ausbildung eines definierten „Ionenpaares" wie es ursprünglich formuliert wurde, kann also keine Rede sein.

Schließlich wäre noch zu erwähnen, daß auch die Verhältnisse der $^{1}$H-Verschiebungen verschiedener Protonen des gleichen Ions konzentrationsabhängig sind, d. h. neben den interionischen Wechselwirkungen werden auch intramolekulare Eigenschaften durch das Lösungsmittel beeinflußt. Die Ursache für die Variation der Signallagen etwa im Komplex Tetra(n-butyl)-ammonium-triphenyl-phosphin-trihalogeno-kobaltat(II) läßt sich zur Zeit noch nicht eindeutig angeben.

Neben den genannten $^{14}$N- und $^{31}$P-Ergebnissen sind nur wenige Heterokernmessungen an paramagnetischen Komplexen bekannt geworden. Einer der Gründe dafür dürfte in der großen Linienbreite der Absorptionen zu suchen sein. Die Heterokerne stehen dem paramagnetischen Zentralmetall-Ion wesentlich näher und besitzen somit meist auch höhere Spindichte. Daraus folgen große Werte für $A^2$ und schließlich beträchtliche Linienbreiten. Obwohl in den meisten paramagnetischen Komplexen große und vom Zentralmetall-Ion stark abhängige Abschirmungsunterschiede für $^{14}$N-Kerne vorkommen [287], sind auch Fälle bekannt, für die innerhalb der Fehlergrenze gleiche Verschiebungen der Stickstoffkerne sowohl im diamagnetischen als auch paramagnetischen Komplex resultieren. Dazu gehören verschiedene diamagnetische Co(III)- bzw. paramagnetische Cr(III)-Komplexe mit Aminen [288]. In Cyaniden dagegen sind für die relativ weit vom Zentralmetall entfernten $^{14}$N-Kerne starke Verschiebungen nach

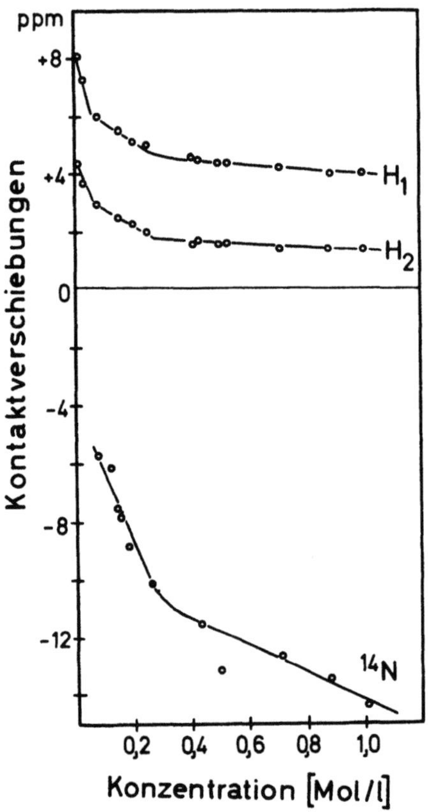


Abb. 21. Die Konzentrationsabhängigkeit der $^{14}$N- bzw. $^{1}$H-Kontaktverschiebungen von $[(C_4H_9)_4N]^+[CoJ_3(C_6H_5)_3P]^-$ [286]

tieferen Feldern zu beobachten. Das $^{14}$N-Signal des diamagnetischen $K_3[Co(CN)_6]$ liegt um etwa 440 ppm höher als im paramagnetischen $K_3[Cr(CN)_6]$. Besonders stark ist der Einfluß der ungepaarten Elektronen auf die $^{14}$N-Resonanzen in $d^5$-konfigurierten Fe(III)-Komplexen [288]. Die Kohlenstoffkerne der Cyanidgruppe im paramagnetischen Hexacyanoferrat(III) sind dagegen wesentlich stärker abgeschirmt als in vergleichbaren diamagnetischen Verbindungen, so daß insgesamt Verschiebungen nach höheren Feldern auftreten [287].

### 5.2.4. Intermolekulare Austauschreaktionen in Lösungen
### mit paramagnetischen Ionen

Die bisherige Diskussion der NMR an paramagnetischen Systemen beschränkte sich auf Lösungen von Komplexen, in denen die Elektronenspin-Relaxationszeit $\tau_s$ die kürzeste Zeitkonstante im untersuchten System darstellt. Der Einfluß der ungepaarten Elektronenspins der Zentralmetall-Ionen auf die Relaxationszeit der Ligandenkerne verringert sich auch, wenn in geeigneten Lösungsmitteln ein sehr rascher Austausch zwischen koordinierten und freien Liganden stattfindet. Unter diesen Bedingungen befinden sich die Ligandenkerne nur noch kurze Zeit im Einflußbereich des paramagnetischen Ions. Demnach macht sich der Einfluß der freien Elektronenspins nur abgeschwächt bemerkbar. Bei raschem Austausch kommt der in (23) definierten Austauschzeit $\tau_h$ die wesentliche Rolle zu. Neben den NMR-Linienbreiten hängen auch die Kontakt- bzw. Pseudokontaktverschiebungen von der Zeitdauer ab, die der diamagnetische Ligand an das Zentralmetall-Ion koordiniert ist.

Kinetische Daten sind demnach aus der Signallage, ihrer Breite und der Linienform zu erhalten. In einer neueren Arbeit über tetraedrische Kobalt(II)-Komplexe in Aceton-$d_6$ wird bestätigt, daß die größere Genauigkeit von der Analyse der Linienform zu erwarten ist. Die derzeit vorliegende einschlägige Literatur ist dort zitiert [289].

Völlig gleichwertige Effekte lassen sich erzielen, wenn nicht die Liganden sondern die ungepaarten Elektronen zwischen verschiedenen Komplexen ausgetauscht werden. Liegt z. B. in einer Lösung eine bestimmte Verbindung in verschiedenen Oxydationsstufen als paramagnetische bzw. diamagnetische Verbindung vor, so kann durch einen Redoxprozeß ein Spinaustausch stattfinden, wobei das paramagnetische Komplexmolekül diamagnetisch wird. Auch in einem solchen System „verspüren" die Ligandenkerne die ungepaarten Elektronenspins nur während eines relativ kurzen Zeitraums, der von der Geschwindigkeit der Spinübertragung abhängt. Diese Übertragungsreaktion läßt sich allgemein nach

$$P + D \overset{k_1}{\rightleftharpoons} D + P \tag{35}$$

formulieren, wobei mit P die paramagnetischen und mit D die diamagnetischen Reaktionspartner bezeichnet sind, die jeweils durch Übertragung eines Elektrons ineinander überführt werden können. Eine ausführliche Interpretation der NMR-Spektren solcher rasch austauschenden Redox-Systeme erfolgt erstmals anhand von $^{63}$Cu-Messungen an $Cu^{++}/Cu^{+}$-Lösungen in Salzsäure [290].

Nachdem neuere ausführliche und zusammenfassende Arbeiten vorliegen, die sich vor allem auch mit der Anwendung des Dichtematrixformalismus für die Lösung dieses Problems befassen [223, 224] sind einige auch in der Praxis verwendbare Gleichungen zitiert, die den Zusammenhang zwischen den Linienbreiten sowie den Verschiebungen einerseits und der Geschwindigkeitskonstanten der Redoxreaktion andererseits beschreiben. Im Prinzip interessieren zwei extreme Fälle, nämlich einmal rascher sowie zum anderen langsamer Elektronenaustausch. In letzterem Fall ist die Linienbreite direkt proportional der Konzentration des paramagnetischen Komplexes [P]

$$\Delta T_2^{-1} = k_1 [P] \tag{36}$$

während beim raschen Austausch für die Linienbreite

$$\Delta T_2^{-1} = [P]/[D]^2 (A_N^2/4k_1) \tag{37}$$

sowie für die Verschiebung der Absorptionen

$$\Delta H/H_0 = -A_N f_P g_e \beta_e /4kT \tag{38}$$

gilt, wobei $f_P$ die Molfraktion der paramagnetischen Komponente bezeichnet. Gl. (38) eröffnet nun die Möglichkeit, bei Zugabe nur geringer Mengen eines paramagnetischen Komplexes zu Lösungen der nächst höheren oder tieferen diamagnetischen Oxydationsstufe aus den Verschiebungen $\Delta H/H_0$ die Spindichten $A_N$ zu ermitteln, selbst wenn der paramagnetische Komplex lange Elektronenspin-Relaxationszeiten besitzt.

## 5.3. Intermolekulare Austauschreaktionen diamagnetischer Komplexe

Zeitabhängige Vorgänge in diamagnetischen Proben beeinflussen die NMR-Spektren zwar ebenfalls deutlich, machen sich jedoch nicht so drastisch bemerkbar wie bisher an paramagnetischen Systemen festgestellt wurde. Besonders die Solvatisierungsreaktionen waren in letzter Zeit Gegenstand eingehender NMR-Untersuchungen [291–301].

### 5.3.1. Solvatisierungsreaktionen

Die Reaktionen zwischen Metall-Kation und Lösungsmittelmolekülen sind von besonderem Interesse. Sie lassen sich allgemein nach (39) formulieren.

$$M(L)_n L^* + L \overset{k}{\rightleftharpoons} M(L)_{n+1} + L^* \tag{39}$$

Ist der Austausch zwischen den koordinierten bzw. freien Lösungsmittelmolekülen [291–301] genügend langsam im Sinn von (19), so resultieren getrennte Signale, aus denen die Koordinationszahl in der ersten Solvathülle zugänglich ist. Je nach den donierenden bzw. koordinationsfähigen Eigenschaften des Lösungsmittels fallen mehr oder weniger stabile Komplexe an. NMR-Untersuchungen an Lösungsmittelgemischen die bestimmte Metallionen enthalten, vermitteln somit einen Eindruck von den Solvatisierungsfähigkeiten der einzelnen Solvenzien.

Verläuft Reaktion (39) sehr rasch, so ist nur noch ein ausgemitteltes Signal für freie bzw. koordinierte Lösungsmittelmoleküle zu beobachten. Kinetische Daten sind dann aus der Temperaturabhängigkeit der Linienbreite zu erhalten. Da Reaktion (39) letzten Endes kein chemisch feststellbares Reaktionsprodukt liefert, sind die NMR-Aussagen besonders wertvoll. Im Prinzip sind z. B. in wäßrigen Lösungen sowohl $^{17}O$- als auch $^1H$-Messungen brauchbar. Jedoch sind die

$^{17}O$-Verschiebungen zwischen komplexgebundenen bzw. freien Wassermolekülen so groß, daß auch bei relativ raschem Austausch noch deutlich getrennte Signale auftreten, während die geringen Abschirmungsunterschiede für die Protonen bei gleicher Reaktionsgeschwindigkeit zeitlich ausgemittelt in Erscheinung treten. Trotz des höheren experimentellen Aufwands wären demnach $^{17}O$-Messungen vorzuziehen [302]. Besonders vorteilhaft für $^1H$-NMR-Messungen ist jedoch die Tatsache, daß sich die Austauschgeschwindigkeit sowohl durch Temperaturerniedrigung als auch durch Verdünnung des Wassers mit nicht koordinierenden Lösungsmitteln verringern läßt. Die Methode der Temperaturerniedrigung ermöglichte eine Reihe eindrucksvoller Ergebnisse an wäßrigen Lösungen von Gallium(III)-, Aluminium(III)- sowie Magnesium(II)-Salzen [300] und ist auch an Alkylprotonen, etwa in Lösungen von $Mg^{2+}$-Ionen in Äthanol anwendbar [301].

Als Verdünnungsmittel für die letztere Methode eignen sich z. B. Aceton oder Dioxan, die deutlich schwächer koordinieren als Wasser. Vergleichende $^1H$-Messungen an Lösungen von $Al^{3+}$, $Be^{2+}$ und $Mg^{2+}$-Ionen in Wasser-Aceton-Gemischen zeigen, daß diese schwächer koordinierenden Lösungsmittel erst dann mit dem Wasser konkurrieren, wenn der Anteil des Wassers am Lösungsmittelgemisch nicht mehr ausreicht, um alle Kationen zu hydratisieren [300]. Sind im Lösungsmittelgemisch stärkere Donoren vorhanden, so tritt möglicherweise eine Konkurrenzreaktion ein, die bei der Bestimmung der Koordinationszahl zu beachten ist. Lösungen von $Al^{3+}$ in Wasser-N-Methylacetamid-Gemischen zeigen insgesamt vier Signale für die freien bzw. gebundenen Lösungsmittelmoleküle Wasser und N-Methylacetamid. Es ist somit anzunehmen, daß der organische Ligand mit dem Wasser konkurriert.

Die Konkurrenzreaktionen verschiedenster donierender Lösungsmittel bei der Komplexbildung mit $Al^{3+}$-Ionen wurden kürzlich in breitem Rahmen untersucht [303].

Neben der donierenden Wirkung des Lösungsmittels beeinflußt auch die Ladung der Übergangsmetall-Ionen die Stabilität der Komplexe [297]. Für die Liganden N-methylformamid bzw. N,N-dimethylformamid kann die Aufspaltung des $CH_3$-Dubletts von N-methylformamid-Komplexen benutzt werden, um die Aktivierungsenergie zum Austausch der Methylformamidgruppen zu bestimmen. Wie die Messungen zeigen, verringert sich die Geschwindigkeit mit zunehmender Ladung, so daß mit $Ag^+$ ein deutlich rascherer Austausch stattfindet als im $Ti^{4+}$, $Al^{3+}$ und $Sb^{5+}$. Im Extremfall nähert man sich dem nur katalytisch wirksamen $H^+$ [299].

Außer durch Verringerung der Austauschgeschwindigkeit kann die Auflösung der $^1H$-Signale von koordinierten bzw. freien Lösungsmittelmolekülen durch einen weiteren Kunstgriff erreicht werden. Bei der Zugabe geringer Mengen eines paramagnetischen Ions, z. B. Kupfer(II), verbreitert sich nämlich ausschließlich das Signal der noch nicht gebundenen Ligandenprotonen [304], denn die koordinierten Moleküle sind zur Wechselwirkung mit dem Cu(II)-Ion nicht befähigt. Nur die $^1H$-Signale der Protonen in der Solvathülle des diamagnetischen Ions bleiben meßbar scharf.

Mit zunehmender Konzentration des weniger polaren Lösungsmittels wächst weiterhin in Lösungen der Metallsalze die Zahl der Kontakt-Ionenpaare stark an. So liegen z. B. nach $^1$H-Messungen in Lösungen von Gallium(III)-Ionen in einem Wasser-Aceton-Gemisch von $1:8$ vorwiegend $GaCl_3(H_2O)$-Einheiten vor [300]. Außer (39) laufen beim Lösen ionogener Verbindungen, wie etwa $AlCl_3 \cdot 6 H_2O$, eine Reihe weiterer Reaktionen ab [298], die z. B. folgendermaßen zu formulieren sind:

$$Al(H_2O)_6^{+++} + H_2O \overset{k_1}{\rightleftharpoons} Al(OH)(H_2O)_5^{++} + H_3O^+ \tag{1}$$

$$Al(OHH)(H_2O)_5^{+++} + OHH' + Al(OH)(H_2O)_5^{+++} \overset{k_2}{\rightleftharpoons} Al(OH)(H_2O)_5^{++}$$
$$+ HOH + Al(OHH')(H_2O)_5^{+++} \tag{2}$$

und bei großen $H^+$-Konzentrationen an Stelle von Reaktion (2)

$$Al(H_2O)^*(H_2O)_5^{+++} + (H_2O)H^+ \overset{k_3}{\rightleftharpoons} Al(H_2O)(H_2O)_5^{+++} + (H_2O)^*H^+ \tag{3}$$

Aus der Breite und Lage der Absorptionen könnten alle drei Geschwindigkeitskonstanten sowie die Aktivierungsenthalpien gemessen werden.

## 5.4. Intramolekulare Austauschprozesse in diamagnetischen Komplexen

Unter intramolekulare Reaktionen fallen z. B. auch Rotationen bestimmter Atomgruppen um eine gemeinsame Bindungsachse. Im allgemeinen sind Rotationen um $\sigma$-Bindungen so leicht anregbar, daß bei Raumtemperatur freie Drehbarkeit um die Bindungsachse herrscht, doch steigt die Aktivierungsenergie zur Anregung der Rotation bei zusätzlichen $\pi$-Bindungsanteilen deutlich an. Die gegenseitige Verdrillung der Gruppierungen um ihre Bindungsachse setzt dann eine kurzzeitige Lösung dieser $\pi$-Bindung voraus. Als klassisches Beispiel aus der organischen Reihe wäre etwa das Dimethylacetamid zu nennen.

Die typische Anordnung der $p$- und $d$-Elektronen von Übergangsmetall-Komplexen ermöglicht gerade in Metall-Komplexen neben Metall-Ligand-$\sigma$-Bindungen weitere $\pi$- oder $\delta$-Wechselwirkungen, die ebenfalls die Rotation der Liganden um die Metall-Ligand-Bindungsachse einschränken. Von Komplexen mit unsymmetrischen Liganden sind dann geometrische Isomere isolierbar, falls die Energiebarriere zur freien Rotation um die Bindungsachse deutlich die bei Raumtemperatur verfügbare Gitterenergie übersteigt. Liegt die Aktivierungsenergie in dem für NMR-Messungen zugänglichen $kT$-Bereich, so treten bei variierender Proben-Temperatur drastische Änderungen in den NMR-Spektren auf. Die Aktivierungsenergie kann aus der Lebensdauer der einzelnen Zustände und somit aus der Linienbreite der Absorptionen berechnet werden. Die Lebensdauer einer bestimmten Konfiguration, $\tau$, bestimmt nach (40)

$$\delta v/\Delta v = (1 - 1/2\pi^2 \tau^2 (\Delta v)^2)^{1/2} \tag{40}$$

den experimentell feststellbaren Abstand zwischen den Absorptionen ($\delta v$) [305]. $\Delta v$ gibt den Abstand der Linien ohne jeglichen Austausch in Frequenzeinheiten wieder.

Erfolgt der Austausch jedoch so rasch, daß die ursprünglich getrennten Linien zusammenfallen, so kann $\tau$ aus der Halbwertsbreite der Absorptionen ohne Austausch (W') und unter den tatsächlich vorliegenden Verhältnissen (W) bestimmt werden

$$1/2\tau = \pi\{W' + W[1 + 2(W/\Delta v)^2 - (W\Delta v)^4]^{1/2}\}[2(W/\Delta v)^2 - W'/\Delta v)^2]^{-1} \quad (41)$$

(41) vereinfacht sich unter der Bedingung

$$\Delta v \gg W' \quad \text{zu} \quad 1/2\tau = \pi \cdot W'/2(W/\Delta v)^2 + \pi\Delta v[(\Delta v/W)^2 + 2 - (W/\Delta v)^2]^{1/2}/2 \quad (42)$$

Die Aktivierungsenergie schließlich ist nach der Arrhenius-Gleichung

$$\log(1/2\tau) = \log A - E_a(2{,}303\,RT)^{-1} \quad (43)$$

aus einer graphischen Darstellung der $\log(1/2\tau)$-Werte gegen $1/T$ zu entnehmen.

Aktivierungsenergien zwischen 10 und 15 kcal/Mol wurden aus den $^1$H-Spektren verschiedener Platin-Komplexe des Typs (Acetylacetonato) ($\pi$-olefin)-platin-halogenid sowie Äthylen-Rhodium-Komplexen für die Rotation der $\pi$-gebundenen Olefinliganden um die Metall-Ligand-Bindungsachse gefunden [306]. Bei tiefen Temperaturen treten für magnetisch inäquivalente Protonen Aufspaltungen auf, die bei Raumtemperatur zusammenfallen.

Die behinderte Rotation um eine Bindungsachse ist nur ein spezieller Fall intramolekularer Umlagerungsreaktionen, die häufig das Auftreten geometrischer Isomerer in reiner Form verhindern. Dazu gehören intramolekulare Liganden-austauschreaktionen, bei denen sich eine Metall-Ligand-Bindung löst, der gleiche Ligand aber an ein anderes, koordinationsfähiges Donorzentrum des Zentral-metalls zurückkehrt. Dieser Reaktionstyp, der zu besonders einfachen $^1$H-NMR-Spektren führt und dadurch eine hohe Symmetrie der Komplexe vortäuscht, ist an metallorganischen Komplexen bevorzugt dann zu beobachten, wenn vom Liganden *mehr* koordinationsfähige Zentren angeboten werden als vom Zentral-metall benötigt. Das Zentralmetall-Ion kann praktisch zwischen den verschiedenen Koordinationsmöglichkeiten wählen und bei genügend kleiner Aktivierungs-energie auch rasch zwischen verschiedenen Koordinationszentren des Liganden „pendeln". Erfolgt dieser Positionswechsel sehr rasch, so wird in den NMR-Spektren nur ein zeitlich ausgemittelter Wert der Abschirmung über alle Posi-tionen wirksam. Derartige Komplexe zeigen bei Raumtemperatur oft unerwartet einfache NMR-Spektren, wie etwa das Cyclooktatetraen-eisen-tricarbonyl [$C_8H_8Fe(CO)_3$] (Abb. 22), dessen $^1$H-NMR-Spektrum in Lösung nur aus einer einzelnen, recht scharfen Linie bei $\tau = 4{,}76$ besteht [307]. Die IR-Spektren sowie röntgenographische Daten an kristallisierten Proben [308] beweisen dagegen eine „butadienartige" Anordnung des organischen Liganden, was mit der chemi-schen Erfahrung übereinstimmt, nach der nur zwei der vier $\pi$-Bindungen an das

Eisen koordiniert sein konnten. In Lösung muß nach allem eine rasche Umlagerung stattfinden, denn nach den $^1$H-NMR-Spektren sind in Lösung alle vier $\pi$-Bindungen im Zeitmittel gleichwertig. Die ausmittelnde Reaktion sollte bei tiefen Temperaturen langsamer verlaufen. Tatsächlich tritt in den $^1$H-NMR-Spektren von Lösungen des Komplexes $(C_8H_8)Fe(CO)_3$ bei $-130°C$ eine Aufspaltung der einzelnen Absorption in zwei Linien mit einem Abstand von 80 Hz ein. Dieses Ergebnis wurde zunächst als Beweis für die röntgenstrukturanalytisch geforderte 1.3-Dien-Bindung an das Zentralmetall gewertet [309]. Die freie Enthalpie der Umlagerung errechnet sich zu $\Delta F = 7{,}2$ kcal/Mol.

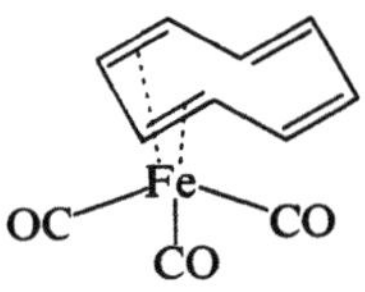

Abb. 22. Röntgenographisch ermittelte Struktur des Cyclooktatetraen-eisen-tricarbonyls

Anscheinend sind die tatsächlich vorliegenden Verhältnisse jedoch komplizierter. Die beobachteten Signale im $(C_8H_8)Fe(CO)_3$ könnten auch das Ergebnis einer raschen, nach Gl. (44) ablaufenden Isomerisierung sein. Für diese Deutung [310] spricht vor allem der relativ kleine Abstand zwischen den beiden Signalen, der keinesfalls den Abschirmungsunterschieden der Protonen an freien bzw. koordinierten $\pi$-Bindungen entspricht. Nach $^1$H-NMR-Messungen an entsprechenden Komplexen mit substituierten Cyclooktatetraen-Liganden ist das bei $\tau = 5{,}0$ auftretende Signal bereits zeitlich ausgemittelt. Das $^1$H-Spektrum des Cyclooktatetraen-eisen-tricarbonyls bei $-140°C$ deutet demnach eine rasche Isomerisierung nach (44)

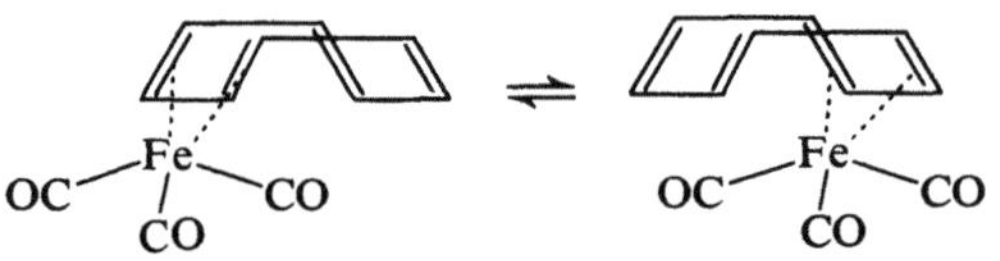

$$\tag{44}$$

an. Bei Raumtemperatur findet mindestens eine weitere ausmittelnde Reaktion statt [310], und zwar scheint das Eisenatom rasch von einer Doppelbindung zur anderen zu wandern. Bei Ausmittelung aller möglichen $\tau$-Werte errechnet sich ein Wert von $\tau = 4{,}8$, der mit dem experimentellen Befund bei Raumtemperatur hervorragend übereinstimmen würde. Dieser Typ von Ligandenaustausch, seitdem auch häufig als Valenztautomerie bezeichnet, konnte auch für das Cycloheptatrien-molybdän-tricarbonyl nachgewiesen werden [311]. Welche Komplexe besonders zur Valenztautomerie neigen, läßt sich nicht immer genau vorhersagen. So sind etwa die Cyclooktatetraen-Komplexe $C_8H_8-Co-[\pi-C_5H_5]$, $C_8H_8-Rh-(\pi-C_5H_5)$ und $C_8H_8-Mo-(CO)_4$ [312] konfigurationsstabil, die isoelektronischen Komplexe $C_8H_8-Fe(CO)_3$ und $C_8H_8-Ru(CO)_3$ zeigen dagegen rasche Valenztautomerisierung bei Raumtemperatur [313], zwischen zwei „butadienartigen" Strukturen des $C_8H_8$-Liganden in „Wannenform" bzw. zwischen der „Wannen"- und „Sessel"-Form des Liganden.

Einer besonderen Variante von Bindungstautomerie unterliegen $\sigma$-gebundene Liganden, die zudem $\pi$-donierende Funktionen enthalten [*314*]. An erster Stelle wäre der Cyclopentadienyl-Ring als Ligand in den Verbindungen Bis(cyclopentadienyl)-quecksilber [*315*], $(C_5H_5)CuPEt_3$ [*316*], $(\pi\text{-}C_5H_5)Fe(CO)_2(\sigma\text{-}C_5H_5)$ [*317*] und $(\pi\text{-}C_5H_5)Cr(NO)_2(\sigma\text{-}C_5H_5)$ [*318*] zu nennen. Obwohl die chemischen sowie IR-spektroskopischen Eigenschaften auch $\sigma$-gebundene Cyclopentadienylringe belegen, besteht das $^1$H-Spektrum dieser Komplexe bei Raumtemperatur wider Erwarten jeweils nur aus einer einzelnen scharfen Absorption [*148, 319*]. Bei tiefen Temperaturen sind jedoch drei aufgelöste Signale mit einer Intensitätsverteilung von $2:2:1$ zu beobachten [*318, 320*]. Ein rascher Wechsel der Metall-Kohlenstoff-$\sigma$-Bindungsbeziehung zwischen den 5 Ring-Kohlenstoffatomen sorgt bei Raumtemperatur für zeitlich ausgemittelte Spektren. Ob tatsächlich das $(C_5H_5)_2Hg$ zu diesen umlagernden Komplexen zu zählen ist, scheint nach neueren Untersuchungen zumindest fraglich [*321*]. In keinem Lösungsmittel ließen sich zwischen $+30°$ und $-100°C$ reversible Aufspaltungen nachweisen. Es konnte vielmehr gezeigt werden, daß sich die als $\pi$-Komplex formulierte „Sandwich"-Verbindung in flüssigem $SO_2$ auch bei tieferen Temperaturen rasch zersetzt.

Offen blieb weiterhin die Frage, ob diese Wanderung des Zentralmetalls entlang der Cyclopentadienylringe in 1,2- oder 1,3-Schritten erfolgt. Eine Antwort aus einem Vergleich der theoretisch ermittelten Linienformen mit entsprechenden experimentellen Daten läßt sich nur geben, falls die Signale für die chemisch nicht äquivalenten Vinyl-Protonen eindeutig zuzuordnen sind [*320*]. Auch für das $\pi$-Tropylium-vanadin-tricarbonyl wurde eine intramolekulare Umlagerung vorgeschlagen [*322*], obwohl die Temperaturabhängigkeit der Aufspaltungen genau umgekehrt verläuft als in allen bisher bekannten Fällen. Nach neueren Ergebnissen ist dafür die Kopplung zwischen den magnetisch aktiven $^{51}$V-Kernen mit $I = 7/2$ und dem Proton verantwortlich [*323*].

Ähnliche rasche intramolekulare Umlagerung zwischen verschiedenen geometrischen Isomeren „anorganischer" Komplexe täuschen häufig eine falsche Komplexstruktur vor, wie etwa in den Dialkoxy-bis(acetylacetonato)-titan(IV)- und Dihalogeno-bis(acetylacetonato)-titan(IV)-Verbindungen, für die das einzelne von den Protonen der Methylgruppe erhaltene $^1$H-Signal eine trans-Anordnung der Halogenidliganden andeutet. In gekühlten Lösungen sind jedoch mehrere Signale zu beobachten [*324—326*], die beweisen, daß neben der reinen trans-Form am Gleichgewicht auch die cis-Konformation beteiligt ist. Da weder die Konzentration des Acetylacetonats noch diejenige des Alkoholats einen Einfluß auf die Umlagerungsgeschwindigkeit hat, ist der intramolekulare Charakter der Reaktion bewiesen [*325*].

# Danksagung

Meinen Kollegen Herrn Dr. P. Burkert, Herrn Dr. D. Nöthe sowie Herrn Dr. K. E. Schwarzhans möchte ich für die kritische Durchsicht des Manuskripts herzlichst danken. Besonders dankbar bin ich ebenso Frau C. Großmann für ihre geschickte und unermüdliche Hilfe bei allen Schreibarbeiten.

# Literatur


1. Eaton, D. R. In: Physical Methods in Advanced Inorganic Chemistry. New York: Interscience Publishers 1968.
2. Sillescu, H.: Fortschr. Chem. Forschg., **5**, 569 (1966).
3. Spectroscopic Properties of Inorganic and Organometallic Compounds, **1** (1968).
4. Anal. Chem. Annual. Review (1968).
5. Pople, J. A., Schneider, W. G., Bernstein, H. J.: High Resolution NMR. New York: McGraw-Hill 1959.
6. Slichter, C. P.: Principles of Magnetic Resonance. New York: Harper and Row 1963.
7. Emsley, J. W., Feeney, J., Sutcliffe, L. H.: High Resolution N.M.R.-Spectroscopy. Oxford: Pergamon Press 1965.
8. Carrington, A., McLachlan, A. D.: Introduction to Magnetic Resonance. New York: Harper and Row 1967.
9. Fluck, E.: NMR und ihre Anwendung in der Anorganischen Chemie. Berlin: Springer Verlag 1963.
10. Ballhausen, C. J.: Introduction to Ligand Field Theory. New York: McGraw-Hill 1962.
11. Buckingham A. D., Stephens, P. J.: J. Chem. Soc. **1964**, 2747.
12. Griffith, J. S., Orgel, L. E.: Trans. Faraday Soc. **53**, 601 (1957).
13. Günther, H., Grimme, W.: Angew. Chem. **78**, 1063 (1966).
14. Fritz, H. P., Kreiter, C. G.: J. Organometal. Chem. **4**, 198 (1965).
15. McConnell, H. M.: J. Chem. Phys. **24**, 460 (1956).
16. Pople, J. A., Santry, D. P.: Mol. Phys. **8**, 1 (1964).
17. Barfield, M., Grant, D. M.: Adv. Magn. Res. **1**, 149 (1965).
17a. Sternhell, S.: Rev. Pure Appl. Chem. **14**, 15 (1964).
18. Kittel, Ch.: Introduction to Solid State Physics. New York: Wiley Sons 1956.
19. Goodenough, J. B.: Magnetism and the Chemical Bond. Interscience Publishers 1963.
20. Andrew, E. R.: Nuclear Magnetic Resonance. Cambridge University Press 1958.
21. Ebert, I. E., Seifert, G.: Kernresonanz im Festkörper. Leipzig: Akademische Verlagsges. 1966
22. Pedersen, B.: Acta Chem. Scand. **22**, 444 (1968).
23. Reeves, L. W.: Progr. Nucl. Magn. Res. Spectr. **4**, 193 (1969)
24. Pake, G. E.: J. Chem. Phys. **16**, 327 (1948).
25. Chidambaram, R., Rao, C. R.: J. Chem. Phys. **38**, 210 (1963).
26. Kiriyama, H.: Bull. Chem. Soc. Japan **35**, 1205 (1962).
27. Pedersen, B., Holcomb, D. F.: J. Chem. Phys. **38**, 61 (1963).
28. El Saffar, Z. M.: J. Chem. Phys. **45**, 4643 (1966).
29. McGrath, J. W., Silvidi, A. A.: J. Chem. Phys. **34**, 322 (1961).
30. Maricic, S., Redpath, C. R., Smith, J. A. S.: J. Chem. Soc. **1963**, 4905.
31. Meersche, M. V., Dereppe, J. M.: J. Chem. Phys. **43**, 17 (1966).
32. El Saffar, Z. M.: J. Chem. Phys. **46**, 396 (1967).
33. Kawamori, A.: J. Phys. Soc. Japan **21**, 1096 (1966).
34. El Saffar, Z. M.: J. Phys. Soc. Japan **21**, 1844 (1966).
35. Spence, R. D., Middents, P., El Saffar, Z. M., Kleinberg, R.: J. Appl. Phys. **35**, 854 (1964).
36. Saito, S., Kanda, E.: J. Phys. Soc. Japan **22**, 1241 (1967).
37. La Place, S. J., Ibers, J. A., Hamilton, W. C.: J. Amer. Chem. Soc. **86**, 2289 (1964).
38. Bishop, E. O., Down, J. L., Emtage, P. R., Richards, R. E., Wilkinson, G.: J. Chem. Soc. **1959**, 2484
39. Vleck, J. H. van: Phys. Rev. **74**, 1168 (1948).
40. Whitehouse, B. A., Ray, J. D., Royer, D. J.: J. Magn. Res. **1**, 311 (1969).
41. Saraswati, V., Vijayaraghavan: Phys. Chem. Solids **28**, 2111 (1967).
42. La Place, S. J., Hamilton, W. C., Ibers, J. A.: Inorg. Chem. **3**, 1491 (1964).
43. Farrar, T. C., Ryan, S. W., Dawison, A., Faller, J. W.: J. Amer. Chem. Soc. **88**, 184 (1966).
44. Farrar, T. C., Brinckman, F. E., Coyle, T. D., Davison, A., Faller, J. W.: Inorg. Chem. **6**, 161 (1967).

45. Sheldrick, G. M.: Chem. Comm. **1967**, 751.
46. Robiette, A. G., Sheldrick, G. M., Simpson, R. W. F.: Chem. Comm. **1968**, 506.
47. Lippincott, R. E., Nelson, R. D.: Spectrochim. Acta **3**, 307 (1958).
48. Weiss, E.: Z. Anorg. Chem. **287**, 236 (1956).
49. Mulay, N., Attalla, A.: J. Am. Chem. Soc. **85**, 702 (1963).
50. Gutowsky, H. S., Pake, G. E.: J. Chem. Phys. **18**, 162 (1950).
51. Mulay, L. N., Rochow, E. G., Stejskal, E. O., Weliky, N. E.: J. Inorg. Nucl. Chem. **16**, 23 (1966).
52. Nakajiama, H.: J. Phys. Soc. Japan **20**, 1725 (1965).
53. Andrew, E. R., Eades, R. G.: Proc. Roy. Soc. **A 218**, 537 (1953).
54. Andrew, E. R.: Ber. Bunsenges. **67**, 295 (1963).
55. Andrew, E. R., Bradbury, A., Eades, R. G., Jenks, G. J.: Nature **188**, 1096 (1960).
56. Andrew, E. R., Farnell, L. F., Firth, M., Gledhill, T. D., Roberts, I.: J. Magnet. Res. **1**, 27 (1969).
57. Mansfield, P., Richards, K. H. B.: Chem. Phys. Letters **3**, 169 (1969).
58. Spiess, H. W., Haas, H., Hartmann, H.: J. Chem. Phys. **50**, 3057 (1969).
59. Blinc, R., Perkmajer, E., Slivnik, J., Zupančič, I.: J. Chem. Phys. **45**, 1488 (1966).
60. Blinc, R., Marinkovic, V., Perkmajer, E., Zupančič, I., Maričič, S.: J. Chem. Phys. **38**, 2474 (1963).
61. Blinc, R., Perkmajer, E., Zupančič, I., Rigny, P.: J. Chem. Phys. **43**, 3417 (1965).
62. Ramsey, N. F.: Phys. Rev. **78**, 699 (1950).
63. Vleck, J. H. van: Theory of electronic and magnetic susceptibility. Oxford University Press 1932.
64. Itoh, J.: J. appl. Phys. Japan **35**, 452 (1966).
65. Burkert, P., Fritz, H. P., Stefaniak, G.: Z. Naturforschg. **23b**, 872 (1968).
66. Eaton, D. R., Phillips, W. D.: Adv. Magnetic Res. **1**, 103 (1965).
67. Bose, M.: Progr. Nucl. Magn. Res. Spectr. **4**, 335 (1969).
68. Jaccarino, V.: Magnetism, 307. Ed. Rado, G. T., Suhl, H.: New York: Academic Press 1965.
69. Jaccarino, V., Shulman, R. G., Stout, J. W.: Phys. Rev. **106**, 602 (1957).
70. Shulman, R. G.: Phys. Rev. **121**, 125 (1961).
71. Hirakawa, K., Kadota, S.: J. Phys. Soc. Japan **23**, 756 (1967).
72. Spence, R. D., El Saffar, Z. M.: J. phys. Soc. Japan **17**, 244 (1962).
73. Katsumata, K., Date, M.: J. Phys. Soc. Japan **24**, 751 (1968).
74. Portis, A. M., Lindquist, R. H.: Magnetism. Ed. Rado, G. T., Suhl, H.: 357. New York: Academic Press 1965.
75. Weiss, A.: Proc. XIV. Coll. A. M. P. E. R. E. Ljubljana: 1966. Amsterdam: North-Holland Publ. Comp. 1076 (1967).
76. Sternheimer, R. M.: Phys. Rev. **159**, 266 (1967).
77. Kanert, O.: Proc. XII. Coll. A. M. P. E. R. E. Denver: 1964. Amsterdam: North-Holland Publ. Comp. 1968 (1965).
78. Bray, P. J., Silver, A. H.: NMR Absorption in Glass, in: Butterworths, I. C.: Modern Aspects of the Vitreous State. London: 92 (1960).
79. Kurkujan, C. R., Buchanan, D. N. E.: Phys. Chem. Glass **5**, 63 (1964).
80. Proctor, W. G., Yu, F. C.: Phys. Rev. **81**, 20 (1951).
81. Freeman, R., Murray, G. R., Richards, R. E.: London: Proc. Roy. Soc. A **242**, 455 (1957).
82. Benedek, G. B., Englman, R., Armstrong, J. A.: J. Chem. Phys. **39**, 3349 (1963).
83. Griffith, J. S.: The Theory of Transition Metal Ions. Cambridge: University Press 1961.
84. Biradar, N. S., Pujar, M. A., Marathe, V. R.: Curr. Sci. India **35**, 385 (1966).
85. Dharmatti, S. S., Kanekar, C. R.: J. Chem. Phys. **31**, 1436 (1960).
86. Kanekar, C. R., Dhingra, M. M., Marathe, V. R., Nagarajan, R.: J. Chem. Phys. **46**, 2009 (1967).
87. Yamasaki, A., Yajima, F., Fujiwara, S.: Inorg. Chim. Acta **2**, 39 (1968).
88. Fujiwara, S., Yajima, F., Yamasaki, J.: Magnetic Res. **1**, 203 (1969).
89. Calderazzo, F., Lucken, E. A. C., Williams, D. F.: J. Chem. Soc. A **1967** 154.
90. Lucken, E. A. C., Noak, K., Williams, D. F.: J. Chem. Soc. A **1967**, 148.

91. Dean, R. R., Green, J. C.: J. Chem. Soc. A **1968**, 3047.
92. McFarlane, W.: Chem. Comm. **1968**, 393.
93. Zelewsky, A. v.: Proceedings., XI. ICCC 607 (1968).
94. Pidcock, A., Richards, R. E., Venanzi, L. M.: J. Chem. Soc. A **1968**, 1970.
95. Buckingham, A. D., Stephens, P. J.: J. Chem. Soc. **1964**, 4583.
96. Keller, H. J., Rupp, H.: Noch unveröffentlichte Ergebn.
97. Akitt, J. W., Parekh, M.: J. Chem. Soc. A **1968**, 2195.
98. Saito, J., Schneider, W. G.: Can. J. Chem. **43**, 47 (1965).
99. Akitt, J. W., Greenwood, N. N., Lester, G. D.: Chem. Soc. A **1969**, 803.
100. Grim, O. S., Keiter, R. L., McFarlane, W.: Inorg. Chem. **6**, 1133 (1967).
101. Nixon, J. F.: J. Chem. Soc. A **1967**, 1136.
102. Kruck, Th., Prasch, A.: Z. Anorg. Allg. Chem. **356**, 118 (1968).
103. Reddy, G. S., Schmutzler, R.: Inorg. Chem. **6**, 823 (1967).
104. Packer, K. J.: J. Chem. Soc. **1963**, 960.
105. Barlow, C. G., Nixon, J. F.: Inorg. Nucl. Chem. Lett. **2**, 323 (1966).
106. Grim, S. O., Wheatland, D. A., McAllister, P. R.: Inorg. Chem. **7**, 161 (1968).
107. Moser, E., Fischer, E. O.: J. organometal. Chem. **15**, 157 (1968).
108. Moser, E., Fischer, E. O., Bathelt, W., Gretner, W., Knauß, L., Louis, E.: J. organometal. Chem. im Erscheinen.
109. Grim, S. O., Wheatland, D. A., McFarlane, W.: J. Am. Chem. Soc. **89**, 5573 (1967).
110. Grim, S. O., Ference, R. A.: Inorg. Nucl. Chem. Lett. **2**, 205 (1966).
111. Nixon, J. F., Pidcock, A., Ann. Rev. *NMR* Spectr. **2**, 345 (1969).
112. Lauterbur, P. C., King, R. B.: J. Am. Chem. Soc. **87**, 3266 (1965).
113. Preston, H. G., Davis, J. C.: J. Am. Chem. Soc. **88**, 1585 (1966).
114. Emerson, G. F., Ehrlich, K., Giering, W. P., Lauterbur, P. C.: J. Am. Chem. Soc. **88**, 3172 (1966).
115. Retcofsky, H. L., Frankel, E. N., Gutowsky, H. S.: J. Am. Chem. Soc. **88**, 2710 (1966).
116. McKeever, L. D., Waak, R., Doran, M. A., Baker, E. B.: J. Am. Chem. Soc. **91**, 1057 (1969).
117. Howarth, O. W., Richard, R. E., Venanzi, L. M.: J. Chem. Soc. **1964**, 3335.
118. Bramley, R., Figgis, B. N., Nyholm, R. S.: J. Chem. Soc. A **1967**, 861.
119. Ettinger, R., Blume, P., Lauterbur, P. C., Patterson, A.: J. Chem. Phys. **33**, 1597 (1960).
120. Figgis, B. N., Kidd, R. G., Nyholm, R. S.: Proc. Roy. Soc. A **269**, 469 (1962).
121. Saika, A., Slichter, C. P.: J. Chem. Phys. **22**, 26 (1954).
122. Pitcher, E., Buckingham, A. D., Stone, F. G. A.: J. Chem. Phys. **36**, 124 (1962).
123. Muetterties, E. L., Phillips, W. D.: J. Am. Chem. Soc. **81**, 1084 (1959).
124. Muetterties, E. L., Mahler, W., Packer, K. J., Schmutzler, R.: Inorg. Chem. **3**, 1298 (1964).
125. Green, M. H. L., Jones, D. J.: Adv. Inorg. Chem. Radiochem. **7**, 115 (1965).
126. Ginsberg, A. P.: Trans. Metal Chem. **1**, 111 (1965).
127. Curphey, T. J., Santer, J. O., Rosenblum, M., Richards, J. H.: J. Am. Chem. Soc. **82**, 5249 (1960).
128. Misono, A., Uchida, J., Hidai, M., Araki, M.: Chem. Comm. **1968**, 1044.
129. Cotton, F. A., Wilkinson, G.: Chem. and Ind. **1956**, 1305.
130. Friedel, R. A., Wender, I., Shufler, S. L., Sternberg, H. W.: J. Am. Chem. Soc. **77**, 3951 (1955).
131. Stevens, R. M., Kern, C. W., Lipscomb, W. N.: J. Chem. Phys. **37**, 279 (1962).
132. Johnson, B. F. G., Johnson, R. D., Lewis, J., Williams, I. G.: Chem. Comm. **1968**, 861.
133. Rhee, I., Ryang, M., Tsutsumi, S.: Chem. Comm. **1968**, 455.
134. Yawney, D. B. W., Stone, F. G. A.: Chem. Comm. **1968**, 619.
135. Mays, M. J., Simpson, R. N. F.: Chem. Comm. **1967**, 1024.
136. Fischer, E. O., Mills, O. S., Paulus, E. F., Wawersik, H.: Chem. Comm. **1967**, 643.
137. Sacco, A., Rossi, M.: Chem. Comm. **1967**, 316.
138. Misono, A., Uchida, Y., Saito, T., Song, K. M.: Chem. Comm. **1967**, 419.
139. Enemark, J. H., Davis, B. R., McGuinnety, J. A., Ibers, J. A.: Chem. Comm. **1968**, 96.
140. Misono, A., Uchida, Y., Saito, T., Hidai, M., Araki, M.: Inorg. Chem. **8**, 168 (1969).
141. Dawson, J. W., Kerfoot, D. G. E., Preti, C., Venanzi, L. M.: Chem. Comm. **1968**, 1687.

142. Ginsberg, A. P.: Chem. Comm. **1968**, 857.
143. Moss, J. R., Shaw, B. L.: Chem. Comm. **1968**, 632.
144. Roundhill, D. M., Jonassen, H. B.: Chem. Comm. **1968**, 1233.
145. Powell, J., Shaw, B. L.: J. Chem. Soc. **1965**, 3879
146. Mague, J. T., Wilkinson, G.: J. Chem. Soc. A **1966**, 1736
147. Mague, J. T., Mitchener, J. P.: Chem. Comm. **1968**, 911.
148. Maddox, M. L., Stafford, S. L., Kaesz, H. D.: Adv. Organometal. Chem. **3**, 1 (1965).
149. Kinugasa, T., Nakamura, M., Yamada, H., Saika, A.: Inorg. Chem. **7**, 2649 (1968).
150. Fritz, H. P., Schwarzhans, K. E., Sellmann, D.: J. Organometal. Chem. **6**, 551 (1966).
151. Powell, D. E., Sheppard, N.: J. Chem. Soc. **1960**, 2519.
152. Schug, J. C., Martin, R. J.: J. Phys. Chem. **66**, 1554 (1962).
153. Fritz, H. P., Keller, H. J.: Chem. Ber. **96**, 1676 (1963).
154. Fischer, E. O., Werner, H.: Metall-Komplexe mit di- und oligoolefinischen Liganden. Verlag Chemie 1963.
155. Baikie, P. E., Mills, O. S.: Chem. Comm. **1966**, 683.
156. Day, P., Hill, H. O. A., Price, M. G.: J. Chem. Soc. A **1968**, 90.
157. Clarke, D. A., Dolphin, D., Grigg, R., Johnson, A. W., Pinnock, H. A.: J. Chem. Soc. C **1968**, 881.
158. Kane, A. R., Yalman, R. G., Kenney, M. E.: Inorg. Chem. **7**, 2588 (1968).
159. Grigg, R., Johnson, A. W., Shelton, G.: Chem. Comm. **1968**, 1151.
160. Gracey, D. E. F., Jackson, W. R., Jennings, W. B.: Chem. Comm. **1968**, 366.
161. Burton, R., Pratt, L., Wilkinson, G.: J. Chem. Soc. **1961**, 594.
161a. Mills, O. S., Robinson, G.: Proc. chem. Soc. **1960**, 421.
162. Wise, W. B., Lini, D. C., Ramey, K. C.: Chem. Comm. **1967**, 463.
163. Cotton, F. A., Faller, J. W., Musco, A.: Inorg. Chem. **6**, 179 (1967).
164. Wilke, G., Bogdanovic, B., Hardt, P., Heimbach, P., Keims, W., Kröner, M., Oberkirch, W., Tanaka, K., Steinrücke, E., Walter, D., Zimmermann, H.: Angew. Chem. Internat. Ed. **5**, 151 (1966).
165. Shaw, B. L., Powell, J.: Chem. Comm. **1966**, 236.
166. McPartlin, M., Mason, R.: Chem. Comm. **1967**, 16.
167. Mason, R., Russell, D. R.: Chem. Comm. **1966**, 26.
168. Thiele, K.-H., Engelhardt, G., Köhler, J., Arnstedt, M.: J. Organomet. Chem. **9**, 385 (1967).
169. Emerson, G. F., Watts, L., Petitt, R.: J. Am. Chem. Soc. **87**, 131 (1965).
170. Balakrishnan, P. V., Maitlis, P. M.: Chem. Comm. **1968**, 1303.
171. Fischer, E. O., Berngruber, W., Kreiter, C. G.: Chem. Ber. **101**, 824 (1968).
172. Kang, J. W., Maitlis, P. M.: J. Am. Chem. Soc. **90**, 3259 (1968).
173. Malone, J. F., McConald, W. S., Shaw, B. L., Shaw, G.: Chem. Comm. **1968**, 869.
174. Moser, E., Fischer, E. O.: J. Organometal. Chem. **15**, 147 (1968).
175. Green, M. H. L., Pratt, L., Wilkinson, G.: J. Chem. Soc. **1959**, 3753.
176. Hoehn, H. H., Pratt, L., Watterson, K. F., Wilkinson, G.: J. Chem. Soc. **1961**, 2738.
177. Watterson, K. F., Wilkinson, G.: Chem. Ind. **1960**, 1358.
178. Bird, P. H., Churchill, M. R.: Chem. Comm. **1967**, 777.
179. Fischer, E. O., Müller, J.: J. organometal. Chem. **1**, 464 (1964).
180. Churchill, M. R., Wormald, J.: Chem. Comm. **1968**, 1033.
181. Hill, H. A. O., Raspin, K. A.: J. Chem. Soc. A **1968**, 3063.
182. Osborn, J. A., Jardine, F. H., Joung, J. F., Wilkinson, G.: J. Chem. Soc. A **1966**, 1711.
183. Bothner-By, A. A.: Adv. Magn. Res. **1**, 195 (1965).
184. Kreiter, C. G.: Dissertation. München: Universität 1964.
185. Otsuka, S., Rossi, M.: J. Chem. Soc. A **1968**, 2630.
186. Dreeskamp, H., Schumann, Chr.: Chem. Phys. Letters **1**, 555 (1968).
187. Pople, J. A., Bothner-By: J. Chem. Phys. **42**, 1339 (1965).
188. Duncan, J. D., Green, J. C., Grenn, M. H. L., McLauchlan, K. A.: Chem. Comm. **1968**, 721.
189. Jenkins, J. M., Shaw, B. L.: J. Chem. Soc. A **1966**, 1407.
190. Kruse, W., Atalla, R. H.: Chem. Comm. **1968**, 921.
191. Chatt, J., Coffey, R. S., Shaw, B. L.: J. Chem. Soc. **1965**, 7391.

192. Kruck, Th.: Angew. Chem. **79**, 27 (1967).
193. Jenkins, J. M., Shaw, B. L.: J. Chem. Soc. A **1966**, 770.
194. Hendrickson, J. B., Maddox, M. L., Siss, J. J., Kaesz, H. D.: Tetrahedron **1964**, 449.
195. Schumann, H., Stelzer, O.: Angew. Chem. **79**, 692 (1967); − **80**, 318 (1968); − J. Organometal. Chem. **13**, P 25 (1968); − **16**, P 64 (1969).
196. Jenkins, J. M., Shaw, B. L.: Proc. Chem. Soc. **1963**, 291.
197. Musher, J. I., Corey, E. J.: Tetrahedron **18**, 791 (1962).
198. Harris, R. K.: Canad. J. Chem. **42**, 2275 (1964).
199. Pidcock, A.: Chem. Comm. **1968**, 92.
200. Goodfellow, R. G.: Chem. Comm. **1968**, 114.
201. Jenkins, J. M., Lupin, M. S., Shaw, B. L.: J. Chem. Soc. A **1966**, 1787.
202. Moss, R., Shaw, B. L.: J. Chem. Soc. A **1966**, 1793.
203. Griffith, W. P., Wilkinson, G.: J. Chem. Soc. **1959**, 2757.
204. Kaplan, P. D., Orchin, M.: Inorg. Chem. **6**, 1096 (1967).
205. Evans, D. F., Ridont, P. M., Whorf, I.: J. Chem. Soc. A **1968**, 2127.
206. Shier, G. D., Drago, R. S.: J. Organometal. Chem. **5**, 330 (1966).
207. Mavel, G.: Progr. Nucl. Magn. Res. Spectroscopy **1**, 280 (1966).
208. Dean, R. R., McFarlane, W.: Chem. Comm. **1967**, 840.
209. Barlow, C. G., Nixon, J. F., Swain, J. R.: J. Chem. Soc. A **1969**, 1082.
210. Fraser, W. G., Peacock, R. D., Watkins, P. M.: Chem. Comm. **1968**, 1257.
211. Mackor, E. L., McLean, C.: J. Chem. Phys. **42**, 4254 (1965).
212. McFarlane, W.: J. Chem. Soc. A **1967**, 1148, 1275.
213. Bland, W. J., Kemmitt, R. D. W., Nowell, I. W., Russell, D. R.: Chem. Comm. **1968**, 1065.
214. Ogilvie, F., Jenkins, J. M., Verkade, J. G., Clark, R. J.: im Erscheinen.
215. Barlow, C. G., Holywell, G. C.: J. Organometal. Chem. **16**, 439 (1969).
216. Keiter, R. L., Grim, S. O.: Chem. Comm. **1968**, 521.
217. Pidcock, A., Richards, R. E., Venanzi, L. M.: J. Chem. Soc. A **1966**, 1707.
218. King, R. W., Huttemann, T. J., Verkade, J. G.: Chem. Comm. **1965**, 561.
219. Grim, S. O., McAllister, P. R., Singer, R. M.: Chem. Comm. **1969**, 38.
220. McFarlane, W.: Chem. Comm. **1968**, 755.
221. Venanzi, L. M.: Chem. in Britain **4**, 162 (1968).
222. McLauchlan, K. A., Whiffen, D. H., Reeves, L. W.: Mol. Phys. **10**, 131 (1966).
223. Johnson, Ch. S., Jr.: Adv. Magn. Res. **1**, 33 (1965).
224. De Boer, E., Van Willigen, H.: Progr. in Nucl. Magn. Res. Spectr. **2**, 111 (1967).
225. Allerhand, A., Gutowsky, H. S., Jonas, J., Meinzer, R. A.: J. Am. Chem. Soc. **88**, 3185 (1966).
226. Stengle, T. R., Langford, C. H.: Coord. Chem. Rev. **2**, 349 (1967).
227. Bloembergen, N., Purcel, E. M., Pound, R. V.: Phys. Rev. **73**, 679 (1948).
228. Solomon, I.: Phys. Rev. **99**, 559 (1955).
229. Bloembergen, N., Morgan, L. O.: J. Chem. Phys. **34**, 842 (1961).
230. Bernheim, R. A., Brown, T. H., Gutowsky, H. S., Woessner, D. E.: J. Chem. Phys. **30**, 950 (1959).
231. McConnell, H. M., Robertson, R. E.: J. Chem. Phys. **29**, 1361 (1958).
232. Lewis, W. B., Morgan, L. O.: Trans. Metal. Chem. **4**, 33 (1968).
233. Carrington, A., Luckhurst, G. R.: Mol. Phys. **8**, 125 (1964).
234. Vleck, J. H. van: Phys. Rev. **57**, 426 (1940).
235. Orbach, R.: Proc. Ray. Soc. A **264**, 458. London (1961).
236. Kivelson, D.: J. Chem. Phys. **45**, 1324 (1966).
237. Schoffa, G.: Elektronenspinresonanz in der Biologie. Verlag G. Braun 1964.
238. Hausser, K. H.: Z. Elektrochem. **65**, 636 (1961).
239. Hausser, K. H.: Naturwiss. **48**, 426 (1961).
240. Keller, H. J., Schwarzhans, K. E.: Angew. Chem. Im Erscheinen.
241. Kivelson, D.: J. Chem. Phys. **33**, 1094 (1960).
242. Wilson, R., Kivelson, D.: J. Chem. Phys. **44**, 154 (1966).
243. La Mar, G. N.: J. Am. Chem. Soc. **87**, 3567 (1965).
244. McConnell, H. M., Chesnut, D. B.: J. Chem. Phys. **28**, 107 (1958).

245. Fritz, H. P., Keller, H. J., Schwarzhans, K. E.: Z. Naturforschg. **23b**, 298 (1968).
246. Rettig, M. F., Drago, R. S.: Chem. Comm. **1966**, 891.
247. Eaton, D. R.: J. Am. Chem. Soc. **87**, 3097 (1965).
248. Jesson, J. P.: J. Chem. Phys. **47**, 579, 582 (1967).
249. Wiedenheft, C.: Inorg. Chem. **8**, 1174 (1969).
250. Burkert, P. K., Fritz, H. P., Gretner, W. C., Keller, H. J., Schwarzhans, K. E.: Inorg. Nucl. Chem. Letters **4**, 31 (1968).
251. Kluiber, R. W., De Horrocks, W., Jr.: J. Am. Chem. Soc. **88**, 1399 (1966).
252. Wicholas, M. L., Drago, R. S.: J. Am. Chem. Soc. **90**, 2196 (1968).
253. McConnell, H. M., Holm, C. H.: J. Chem. Phys. **28**, 749 (1958).
254. Levy, D. A., Orgel, L. E.: Mol. Phys. **3**, 583 (1961).
255. Rettig, M. F., Drago, R. S.: J. Am. Chem. Soc. **91**, 1361, 3432 (1969).
256. Anderson, S. E., Drago, R. S.: J. Am. Chem. Soc. **91**, 3656 (1969).
257. Eaton, D. R., McClellan, W. R., Weiher, J. F.: Inorg. Chem. **7**, 2040 (1968).
258. Happe, J., Ward, R. C.: J. Chem. Phys. **39**, 1211 (1963).
259. Holm, R. H., Everett, G. W., Horrocks, W. D., Jr.: J. Am. Chem. Soc. **88**, 1071 (1966).
260. La Mar, G. N., Van Hecke, G. R.: J. Am. Chem. Soc. **91**, 3442 (1969).
261. La Mar, G. N., Sacconi, L.: J. Am. Chem. Soc. **90**, 7216 (1968).
262. Hutchison, J. R., La Mar, G. N., Horrocks, W. D., Jr.: Inorg. Chem. **8**, 126 (1969).
263. Röhrscheid, F., Ernst, R. E., Holm, R. H.: J. Am. Chem. Soc. **89**, 6472 (1967).
264. Fritz, H. P., Gretner, W. C., Keller, H. J., Schwarzhans, K. E.: Z. Naturforschg. **23b**, 906 (1968).
265. Benson, R. E., Eaton, D. R., Josey, A. D., Phillips, W. D.: J. Am. Chem. Soc. **83**, 3714 (1961).
266. Eaton, D. R., Josey, A. D., Phillips, W. D., Benson, R. E.: J. Chem. Phys. **37**, 347 (1962).
267. Holm, R. H., Chakravorty, A., Dudek, G. O.: J. Am. Chem. Soc. **86**, 379 (1964).
268. Hausser, K. H., Stehlik, D.: Adv. Magn. Res. **3**, 79 (1968).
268a. Dweck, R. A., Richards, R. E., Taylor, D.: Ann. Rev. *NMR* Spectr. **2**, 293 (1969).
269. Ronova, I. A., Alekseew, N. V.: Zhurn. Strukt. Khimii **7**, 886 (1966).
270. Whitesides, G. M., Grocki, J. J., Holtz, D., Steinberg, H., Roberts, J. D.: J. Am. Chem. Soc. **87**, 1058 (1965).
271. La Mar, G. N., Sacconi, L.: J. Am. Chem. Soc. **89**, 2282 (1967).
272. Ernst, R. E., O'Connor, M. J., Holm, R. H.: J. Am. Chem. Soc. **89**, 6104 (1967).
273. Pignolet, L. H., Horrocks, W. De W.: Chem. Comm. **1968**, 1012.
274. Hart, F. A., Newbery, J. E., Shaw, D.: Chem. Comm. **1967**, 45.
275. Burkert, P. K., Fritz, H. P., Gretner, W., Keller, H. J., Schwarzhans, K. E.: Inorg. Nucl. Chem. Letters **4**, 237 (1968).
276. Reuben, J., Fiat, D.: Chem. Comm. **1967**, 729.
277. La Mar, G. N.: J. Chem. Phys. **41**, 2992 (1964).
278. Larsen, I. W., Wahl, A. C.: Inorg. Chem. **4**, 1281 (1965).
279. Horrocks, W. D., Jr., Fischer, R. H., Hutchison, I. R., La Mar, G. N.: J. Am. Chem. Soc. **88**, 2436 (1966).
280. Larsen, D. W.: Inorg. Chem. **5**, 1109 (1966).
281. La Mar, G. N., Fischer, R. H., Horrocks, W. D., Jr.: Inorg. Chem. **6**, 1798 (1967).
282. Fischer, R. H., Horrocks, W. D.: Inorg. Chem. **7**, 2659 (1968).
283. Walker, R., Drago, R. S.: J. Am. Chem. Soc. **90**, 6951 (1968).
284. Larsen, D. W.: J. Am. Chem. Soc. **91**, 2920 (1969).
285. Taylor, R. P., Templeton, D. H., Zalkin, A., Horrocks, W. D.: Inorg. Chem. **7**, 2629 (1968).
286. Gretner, W.: Dissertation. München: T. H. 1969.
287. Shporer, M., Ron, G., Loewenstein, A., Navon, G.: Inorg. Chem. **4**, 358 (1965), 361 (1965).
288. McGarvey, B. R., Pearlman, J.: J. Magn. Res. **1**, 178 (1969).
289. Zumdahl, S. S., Drago, R. S.: J. Am. Chem. Soc. **89**, 4319 (1967).
290. McConnell, H. M., Weaver, H. E.: J. Chem. Phys. **25**, 307 (1956).
291. Jackson, J. A., Lemons, J. F., Taube, H.: J. Chem. Phys. **32**, 553 (1960).

292. Connick, R. E., Fiat, D. N.: J. Chem. Phys. **39**, 1349 (1963).
293. Swinehart, J. H., Taube, H.: J. Chem. Phys. **37**, 1579 (1962).
294. Angerman, N. S., Jordan, R. B.: Inorg. Chem. **8**, 1824 (1969).
295. Fratiello, A., Lee, R. E., Nishida, V. M., Schuster, R. E.: Chem. Comm. **1968**, 173.
296. Schuster, R. E., Fratiello, A.: J. Chem. Phys. **47**, 1554 (1967).
297. Fratiello, A., Miller, D. P., Schuster, R.: Mol. Phys. **12**, 111 (1967).
298. Takahashi, A.: J. Phys. Soc. Japan **24**, 657 (1968).
299. Temussi, P. A., Quadrifoglio, F.: Chem. Comm. **1968**, 844.
300. Fratiello, A., Lee, R. E., Schuster, R. E.: Chem. Comm. **1969**, 37.
301. Alger, T. D.: J. Am. Chem. Soc. **91**, 2220 (1969).
302. Glass, G. E., Schwabacher, W. B., Tobias, R. S.: Inorg. Chem. **7**, 2471 (1968).
303. Fratiello, A., Lee, R. E.. Nishida, V. M., Schuster, R. E.: Inorg. Chem. **8**, 69 (1969).
304. Nakamura, S., Meiboom, S.: J. Am. Chem. Soc. **89**, 1765 (1967).
305. Gutowsky, H. S., Holm, C. H.: J. Chem. Phys. **25**, 1228 (1956).
306. Holloway, C. E., Hulley, G., Johnson, B. F. G., Lewis, J.: J. Chem. Soc. A **1969**, 53.
307. Manuel, T. A., Stone, F. G. A.: J. Am. Chem. Soc. **82**, 366 (1960).
308. Dickens, B., Lipscomb, W. N.: J. Chem. Phys. **37**, 2084 (1962).
309. Kreiter, C. G., Maasböl, A., Anet, F. A. L., Kaesz, H. D., Winstein, S.: J. Am. Chem. Soc. **88**, 3444 (1966).
310. Keller, C. E., Shoulders, B. A., Pettit, R.: J. Am. Chem. Soc. **88**, 4760 (1966).
311. Winstein, S., Kaesz, H. D., Kreiter, C. G., Friedrich, E. C.: J. Am. Chem. Soc. **87**, 3267 (1965).
312. Kaesz, H. D., Winstein, S., Kreiter, C. G.: J. Am. Chem. Soc. **88**, 1319 (1966).
313. Bruce, M. I., Cooke, M., Green, M., Stone, F. G. A.: Chem. Comm. **1967**, 523.
314. Tsutsui, M., Hancock, M., Ariyoshi, J., Levy, M. N.: Angew. Chem. **81**, 453 (1969).
315. Maslowsky, E., Nakamoto, K.: Chem. Comm. **1968**, 257.
316. Piper, T. S., Wilkinson, G.: J. Inorg. Nuclear Chem. **3**, 104 (1956).
317. Bennet, M. J., Jr., Cotton, F. A., Davison, A., Faller, J. W., Lippard, S. J., Morehouse, S. M.: J. Amer. Chem. Soc. **88**, 4371 (1966).
318. Cotton, F. A., Musco, A., Yagupsky, G.: J. Amer. Chem. Soc. **89**, 6136 (1967).
319. Wilkinson, G., Piper, T. S.: J. Inorg. Nucl. Chem. **2**, 32 (1956).
320. Whitesides, G. M., Fleming, J. S.: J. Amer. Chem. Soc. **89**, 2855 (1967).
321. Nesmeyanow, A. N., Fedorow, L. A., Materikowa, R. B., Fedin, E. I., Kochetkowa, N. S.: Chem. Comm. **1969**, 105.
322. Fritz, H. P., Kreiter, C. G.: Chem. Ber. **97**, 1398 (1964).
323. Whitesides, G. M., Mitchell, H. L.: J. Am. Chem. Soc. **91**, 2245 (1969).
324. Bradley, D. C., Holloway, C. E.: Chem. Comm. **1965**, 284.
325. Bradley, D. C., Holloway, C. E.: J. Chem. Soc. A **1969**, 282.
326. Smith, J. A. S., Wilkins, E. J.: J. Chem. Soc. A **1966**, 1749.

Satz und Druck: Druckerei Dr. A. Krebs, Weinheim und Hemsbach/Bergstr. und Bad Homburg v. d. H.
Buchbindearbeiten: Konrad Triltsch, Graphischer Betrieb, Würzburg